中国家庭[illegible]

王立祥

化“万一”

王立祥　著

中山大學出版社
SUN YAT-SEN UNIVERSITY PRESS
·广州·

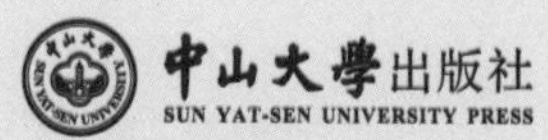

图书在版编目（CIP）数据

王立祥化"万一"/王立祥著．—广州：中山大学出版社，2016.5

ISBN 978-7-306-05704-4

Ⅰ.①王…　Ⅱ.①王…　Ⅲ.①自救互救—基本知识　Ⅳ.①X4

中国版本图书馆CIP数据核字（2016）第115225号

WANGLIXIANG HUA WANYI

出 版 人：徐　劲
责任编辑：鲁佳慧
特邀编辑：谢　晓
封面摄影：肖艳辉
封面设计：陈　媛
装帧设计：陈　婷　肖艳辉
责任校对：王　琦
出版发行：中山大学出版社
电　　话：编辑部 020-84110283，84111996，84111997，84113349
　　　　　发行部 020-84111998，84111981，84111160
地　　址：广州市新港西路135号
邮　　编：510275　　传真：020-84036565
网　　址：http://www.zsup.com.cn　　E-mail:zdcbs@mail.sysu.edu.cn
印 刷 者：佛山市浩文彩色印刷有限公司
规　　格：170mm×210mm　1/24　7.5印张　150千字
版次印次：2016年5月第1版　2016年5月第1次印刷
印　　数：1~6000册　　　定　　价：28.00元

序

不怕"万一"

一

我们的生活中,似乎从不缺乏方向,可很多事儿,要做的时候才发现缺方法。

很多大道理,都掷地有声,怎么看都觉得对。可生命中,却常常"书到用时方恨少"。于是,一代又一代人,在生命的路上撞到"南墙",让头破血流的人们总是疑惑:为何不为那些大道理多配一些"说明书"呢?这"说明书"就是方法。方向不会自动诞生方法,可好的方法却会确定正确的方向。有方向有方法,才是生命旅程中的好"地图"。

二

中国人口近十四亿。在巨大医疗需求与供给不足的冲突中,医患关系日益尖锐。让我们不得不思考:有什么做错了吗?

当然,错的有很多,其中一个就是忘了老祖宗的古训:大医治未病。

真正的大医,是在你还没得病时,就有方法帮你防了。这其中自然包括:倡导健康生活方式,并看重健康常识的宣传与普及。

只有这样,中国人才能做自己的"大医",医疗矛盾才有可能有所化解,储蓄健康比储蓄金钱更大的价值才可能显现。

这就需要一大批像王立祥这样的医生挺身而出,用文字、语言在医院外"开诊"。《王立祥化"万一"》就是这样一个健康常识的无形门诊。

三

王立祥这样做,已非一天两天。前几年,他就出了一本"话万一",而一转眼,又一个新的书稿摆放在我的案头。由于上一本书,我曾为他写序,这一次职责难逃。不过,我倒是乐于为他的"升级"助力。

这一本书，他把“方法”摆放到更重要的位置，更实用，更细致，更方便阅读及使用。对，是“使用”。好的健康常识，如果只是让你“看一看”，功效还小，只有具有充分的使用价值，它才救急救命。

当然，升级的还有与时代的贴近性。我发现，这本书的文字及编排，非常互联网化，集合在一起是本书，分拆后，完全能通过微信、微博等社交媒体传播，这更可方便地造福于人。

四

不过，不管以上升级如何值得点赞，书中透露出的真正升级，却是王立祥作为一个好医生的使命感与责任感。

作为一个有三十年临床经验的急诊室负责人，他见过太多世事无常，也总会有很多惋惜。更何况，出了“万一”，没能走进急诊室的人更多。如果常识普及到位，让一本又一本化“万一”的好书在众生身边，也许，“万一”就会少一些，也就不那么可怕吧？这该是王立祥升级了的“梦想”。

五

关键还在自己。早年的协和医学院流行一句话：预防比治疗好一百倍。我们也该拿出一些时间，去了解更多化解“万一”的医学常识，并身体力行，为自己的生命上一个不怎么花钱的“保险”。

这样，便对得起王立祥们的工作与期待。其实，也更对得起自己。因为生命，就这一次！

白岩松

2016 年 5 月于北京

前　言

科普的理由

在我的医生职业生涯中，有一次难忘的抢救经历，至今历历在目。

一个孩子在幼儿园因为花生米呛在气管，导致窒息。幼儿园没在第一时间实施正确救助，当孩子被送到医院，已为时晚矣。虽然我们全力抢救，但最终也没能从死神手里夺回孩子的生命。

在我无奈走出急诊室的一刹那，看到孩子的父母、爷爷、奶奶及亲戚跪满一地，然而，他们祈祷的奇迹已不可能出现了。如果幼儿园老师懂得防范儿童误吸的常识，如果懂得急救的方法，如果……可生命只有一次，再也容不得我们说如果了。

这种悲哀与回天乏力感让我久久无法释怀。我意识到，传授人们救命的常识，避免类似意外事件再发生是多么重要。而这也正是我著书立说投身于科普事业之初衷。

屈指算来，我从事急危重病医学专业已数十载，曾为成功挽救濒危生命而欣慰，也曾为鲜活生命的逝去而伤感。大千世界，芸芸众生。生命对每个个体来说，都是唯一。当我们沉浸于恬适生活时，莫要忽视平静表面所泛起的涟漪，那可能是意外来临前的警告，也莫要因为无知而断送生命，给亲人、朋友带来终生的痛苦。

从还未出世的孩子到襁褓中的婴儿，从蓬勃的青年到四十不惑的中年，一直到迟暮之年，本书紧扣人生各阶段中易发生的意外；以"万一"为主线，从吃、喝、拉、撒、睡、行、扶这些生活日常着手；透过一个个真实故事，用通俗易懂的方式，传播"警示万一""预防万一""应对万一"的知识，以达到"化解万一"、防患于未然之目的。这亦是我著书立说投身于科普事业之夙愿。

本书是先前出版的《王立祥话"万一"》的升级版，笔者力求进一步完善由"话"到"化"的过程，将"话说万一"升级为"化解万一"，不仅是就事论事，而且就事论术，着重于实用性、精细性、系统性，旨在达到易读、好懂、不乱、实用的目的。

值此之际，感谢国家卫生和计划生育委员会健康公益大使、中央电视台著名主持人白岩松先生百忙中再次为本书作序。感谢《中国家庭医生》杂志社，以及为本书辛勤努力的编辑。感谢中国武装警察部队总医院急救医学中心的同仁们大力支持。最后，衷心感谢中国急救医学奠基人、南京医科大学终身教授王一镗恩师为本书题词——"敬畏生命，大爱无疆"。在我们拥有超过十三亿人口的泱泱大国，一万人中如有一人在危急时刻有幸从《王立祥化"万一"》一书中获益，那将会挽救数以万计的生命，此亦为我聊以自慰之善事！

王立祥

2016年5月于北京

謹賀立祥教授
新作問世

敬畏生命
大愛無疆

丙申年春
王一鏜

中国急救医学奠基人王一镗教授为《王立祥化“万一”》亲笔题词

国家卫生和计划生育委员会（以下简称“卫计委”）副主任马晓伟会长为王立祥颁发中华医学会科学普及分会主委证书

王立祥荣获“全国优秀科技工作者”终身荣誉称号，受党和国家领导人接见

王立祥与卫计委宣传司司长毛群安等开启“中华精准健康传播”项目

王立祥与全国人大常委会副委员长顾秀莲等嘉宾启动“全国家庭急救员培训计划”

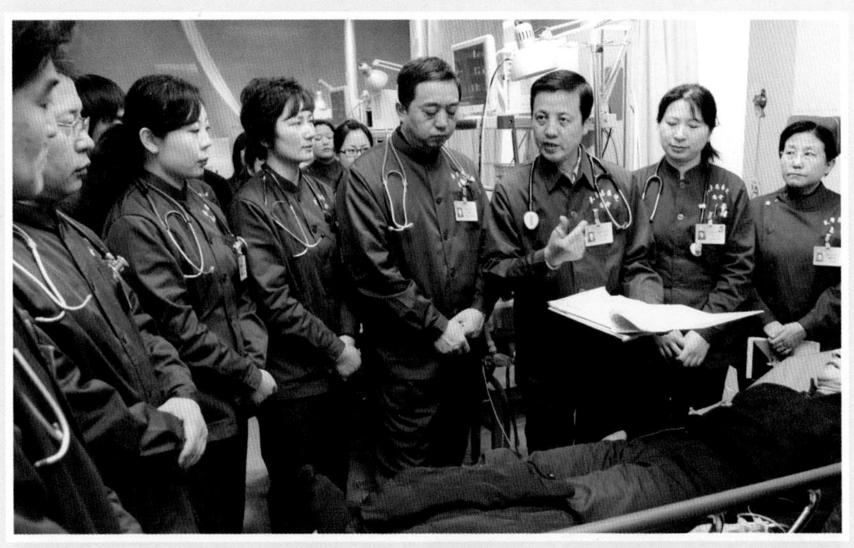

临床教学查房

与王一镗教授签名售书

王一镗教授普及腹部提压心肺复苏

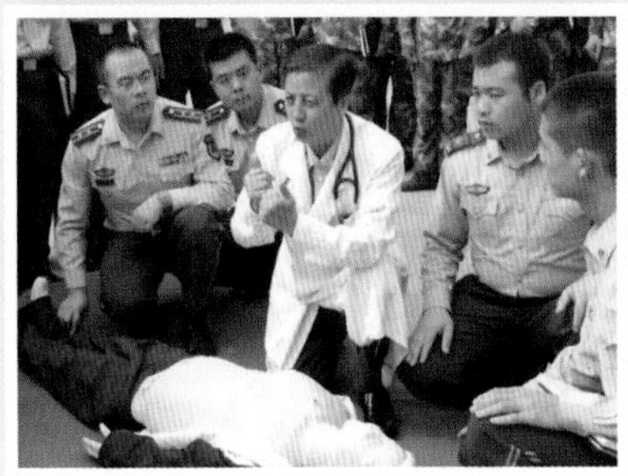

深入军营传授心肺复苏技法

让孩子们远离意外伤害

与“金话筒奖”得主王佳一共话“万一”

与白岩松在 CCTV 现场直播

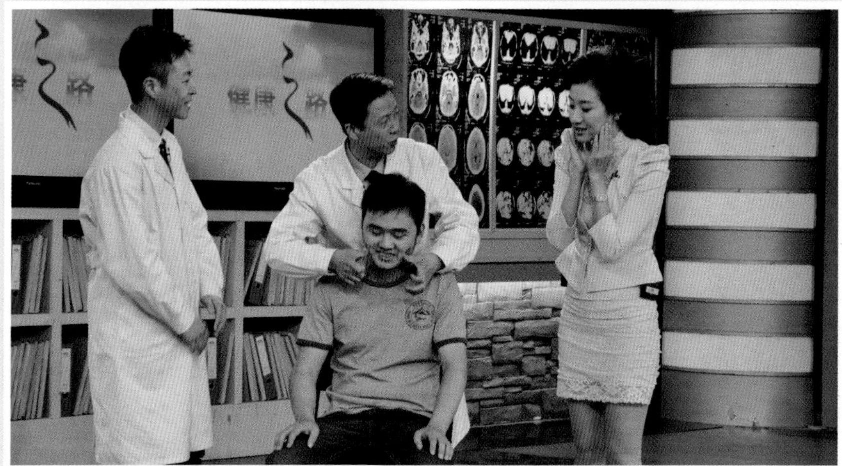

在 CCTV《健康之路》普及健康常识

做客人民网普及精准健康传播理念

目录 CONTENTS

自测题 /1

第一章 吃出来的“万一”

为孩子，藏好药 / 2
一粒花生米，就是一颗子弹 / 5
饭后拍肚子，拍出肠梗阻 / 8
日啖荔枝，莫过六两 / 10
心急不吃四季豆 / 12
打赌吃喝有风险 / 14
贸然停药，暗藏杀机 / 16
老人噎食速抢救 / 18
烟，毒害下一代 / 20
海吃海喝，生出巨大儿 / 22

灾难应急指南① / 24

PART1 你头脑中应有什么样的急救方案 / 24
PART2 你应有一个什么样的随身急救包 / 26
PART3 家中应备有哪些应急物品 / 26
PART4 你会打“120”急救电话吗 / 27

目录 CONTENTS

第二章 喝出来的“万一”

酒里泡出畸形儿 / 30
豪享冷饮伤心肠 / 32
冬夜醉酒不独行 / 34
可乐喝出低血钾 / 36
久服汤药诱心衰 / 37
孩子不发育，竟因烫伤 / 39
呛奶，惊险 / 42

灾难应急指南② / 44

PART1 怎样撤离 / 44
PART2 怎样躲避 / 45
PART3 公共设施运行中断怎么办 / 45

第三章 排出来的“万一”

晨起，远离“马桶悲剧” / 48
憋尿，小心猝死 / 51
泻出胡言乱语 / 53
小便，竟能尿晕了 / 55

拉肚子,拉成宫外孕 / 58
孕妇便秘,惹不起 / 60
小儿便便,咋堵了 / 62
小便疼哭是何因 / 65

灾难应急指南③ / 67

PART1 被困电梯怎么办 / 67
PART2 谨防手扶电梯“吃人” / 69
PART3 火车、地铁遇险怎样自救 / 70

第四章 睡出来的“万一”

任性睡姿丢胎儿 / 74
婴儿俯睡，止了气 / 76
酒醉，不能这么睡 / 78
半夜大火，如何逃 / 81
手置胸前惹梦魇 / 84
打鼾不是睡得香 / 85
过度镇静抑呼吸 / 87
垫高双脚引伤心 / 89

目录 CONTENTS

灾难应急指南④ / 90

PART1 突遇雷暴雨怎样逃生 / 90
PART2 风暴来袭怎么办 / 91
PART3 地震来了躲哪儿 / 92

第五章 行出来的“万一”

警惕围巾“夺命” / 96
蒙眼游戏，小心要命 / 99
儿童乘车，这些意外要防 / 101
孩子哭晕勿惊慌 / 105
小孩学舞，竟致截瘫 / 107
一个拳头碎了心 / 109
终点驻足可夺命 / 111
猝死急救要懂得 / 112
亲吻避开“死亡开关” / 114
赵本山，俯卧撑做不得！ / 116
冬日可别“闻鸡起舞” / 118
十秒识别中风 / 120
有种药，不能站着吃 / 122
坐飞机，多伸腿 / 124
防踩踏，记住“一米”安全距离 / 126
万一爆炸，这样做能保命 / 129
三步拍手操，练起来 / 131

灾难应急指南⑤ / 133

PART1 一氧化碳中毒怎么办 / 133
PART2 核泄露怎么办 / 133
PART3 房屋倒塌或爆炸怎么办 / 134
PART4 收到疑似恐怖袭击包裹或信件怎么办 / 135

第六章 扶出来的“万一”

老人跌倒扶不扶 / 138
“公主抱”,致骨折 / 141
溺水,如何智救 / 144
扶墙谨防“电老虎” / 148
止鼻血,别仰头 / 149
错误止血帮倒忙 / 150
氢气球随时变炸弹 / 153
别压宝宝的“天顶盖” / 155
兔子急了也咬人 / 157

灾难应急指南⑥ / 159

PART1 老人或残障人士，应准备好这些 / 159
PART2 老人出门，携带急救卡 / 160
PART3 家有小孩，应准备好这些 / 161
PART4 儿童受伤急救顺口溜 / 162

自测题

1. 万一家人误吸异物，以下哪个做法能帮他咳出异物？（ ）

A. 心肺复苏

B. 压上腹部

C. 刺激咽部

2. 万一流鼻血，以下哪个止血方法是错误的？（ ）

A. 头抬高并往后仰

B. 往鼻子里塞棉花

C. 身体前倾

3. 万一喝醉酒，应维持以下哪种睡姿？（ ）

A. 仰卧

B. 俯卧

C. 侧卧

4. 万一被烫伤，第一时间应该做什么？（ ）

A. 用冷水冲洗伤口

B. 涂药油

C. 涂酱油

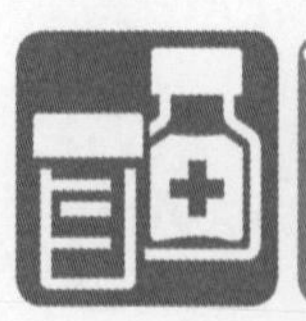

5. 对于心血管疾病患者，以下哪种活动顺序最安全？（　）

A. 起床 排便 吃药 运动

B. 起床 吃药 排便 运动

C. 起床 运动 排便 吃药

6. 出现以下哪种情况，应该用心肺复苏进行抢救？（　）

A. 中风

B. 猝死

C. 心绞痛

7. 下列关于抢救溺水者的做法，哪一项是错误的？（　）

A. 先脱掉自己身上的鞋靴，再下水救人

B. 从溺水者的身后解救他

C. 上岸后，赶紧将溺水者倒挂，让水吐出

8. 带儿童乘车时，以下哪个做法是安全的？（　）

A. 准备足够的零食，让孩子在车上吃零食

B. 由大人抱紧孩子，坐在副驾驶位

C. 让孩子自己坐在后排的儿童安全座椅内

参考答案：1.B　2.A　3.C　4.A
5.B　6.B　7.C　8.C

第一章

吃出来的『万一』

为孩子，**藏好药**

儿科抢救室外，一位老妇人失声痛哭。前一刻，她一手带大的3岁的宝贝孙子，被宣告抢救无效。她一遍遍埋怨自己没把那该死的药丸放好，可此刻再怎么懊恼，也于事无补。

就在几小时前，孙子还在吵着要吃糖呢，她警告说："不行，吃糖就吃不下午饭了！"由于儿子、儿媳都是上班族，白天都是她一人带孩子。

就在那会儿，老人倒了杯温水，吞下两片硝苯地平片。这是一种治疗心绞痛和高血压的药，每天都要服。吃罢，和往常一样，她随手把药瓶放在茶几上，然后进厨房准备午餐。

正闹脾气的孙子看到这一幕，趁奶奶不在，好奇地打开了药瓶。小手不加思索地把药丸送到嘴边。

这硝苯地平片表面有一层糖衣，味道有点甜。

能有几个小孩禁得起"糖"的诱惑呢？所以，就这样，一粒粒"糖丸"成为孙子的盘中餐、腹中物。

当老妇人发现孙子有异样，打电话叫孩子父母回家，再把孩子送到医院，一切已经为时晚矣。孙子因误食药物过量，导致心跳呼吸骤停而死亡。

● 1~5岁儿童最要防药物误服

类似的案例不少见。急性药物中毒，是儿科的常见急症之一，以食入中毒最多见。

发生急性药物中毒的儿童，年龄多为1～5岁。原因不难猜，这个年龄段的孩子有一定的活动能力，但认知能力和生活经验不足，对某些毒物和药物的危害缺乏认识，因此，中毒发生率较高。

多数药物需要经肝脏来代谢，但儿童身体发育不完全，肝脏代谢功能不完善，难将误服的药物充分代谢。所以，儿童误服药物后若处理不当，可能会留后遗症，甚至危及生命。

● 不做粗心的家长

孩子随便把带有甜味和糖衣的药物当成糖果吃，或把有鲜艳颜色、芳香气味的水剂药物当成饮料喝，大多是由于家长将这些药品随意放在桌柜上、枕边、矮抽屉里，小儿唾手可得，方成意外。

看到这，家有儿女的朋友们，还敢把药物乱丢乱放吗?

应对万一 发现孩子误食药物，应该怎么办

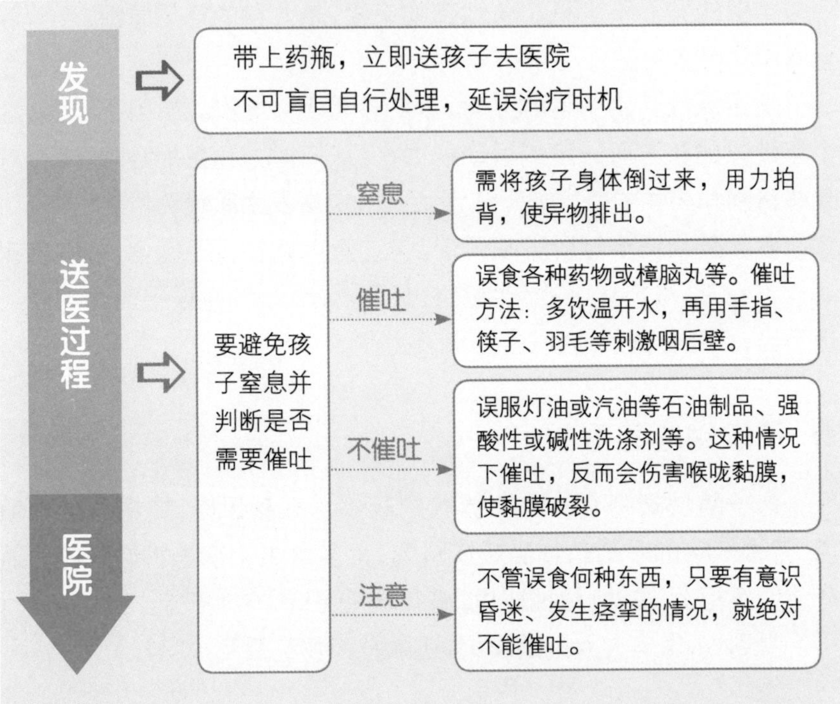

预防万一 防止孩子误食药物，这八点要做到

1. 孩子生病，家长要遵照医嘱用药。
2. 喂药时，不要骗孩子说那是糖果。
3. 告知孩子没病吃药会有严重后果。
4. 时刻看护好小儿，防其误食毒物、药物。
5. 药物放置在小儿无法取到之处。
6. 告诉孩子药品的危险，告诉他哪些是药。
7. 要教育他别独自乱吃食物，遇到来源不明的东西先问家长能不能吃。
8. 用药尽量不要用糖衣药片或者含糖溶液，以选择良药苦口为上策。

一粒花生米，**就是一颗子弹**

这是一个真实案例。

一个四岁半的小男孩，在幼儿园哭闹，年轻的老师出于好意，顺手拿一把花生米哄他开心。小男孩还在抽泣，却已忙不迭地把花生米送进嘴里。

这时，意外出现了。

由于抽泣时，声门是打开的，花生米卡进了小男孩的气道里，堵住了气管。小男孩出现窒息，脸蛋憋得青紫，但此时幼儿园里竟无人懂得如何急救。

当小男孩被送到急诊室时，他的心跳、呼吸都已停止。医生马上进行气管切开、呼吸支持、心肺复苏，但回天乏术。

类似的悲剧还发生在高速公路上。一个小女孩坐在车里吃糖果，突然紧急刹车，孩子"啊"地一叫，把糖块吸进了气道，出现窒息。她的父母虽受过高等教育，却不懂急救知识，眼睁睁看着孩子缺氧，窒息，心跳、呼吸骤停，最后死去。

由此可见，一粒花生米、一颗糖果，一旦堵塞气管，其危险不亚于一颗子弹。

出现这种情况，应当第一时间采取海姆里克腹部冲击法进行急救。

此法乃20世纪70年代美国一位名叫海姆里克的急诊科医生发明的，拯救过无数患者，也被称为"生命的拥抱"。

怎么做？很简单，就是压肚子。

当孩子发生异物窒息时，赶紧站到他的背后，环抱住他的上腹部，并用拳头向内、向上顶，顺利的话，他会把异物咳出来。

这是因为，人体腹腔和胸腔之间有个膈肌，压肚子时提高腹部压力，使膈肌向上挤压，胸腔受到挤压后，或能迫使气管里的异物排出。

如果患者是婴幼儿，要赶紧把他抱起来，使其头向下低于臀位，拍其背部。

如果患者已昏迷，那么使他平卧，压其腹部。

自救时，可以自己往椅背上顶腹部，也能使异物排出。

"压肚子"是多么简单的方法，对己对人却非常重要。

应对万一 图解海姆里克法

◆救人

1. 位于患者背后，双手环抱其腰部。

2. 一手握拳，拇指顶住患者上腹部。

3. 快速向内、向上方用力冲击，一次不行，多试几次。

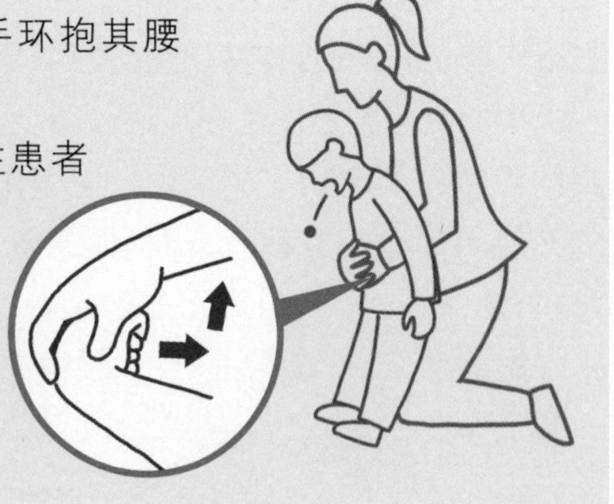

◆**救婴幼儿**

一只手掌托住其胸，使其面部朝下，头低于臀位，另一只手拍打其背部中央。

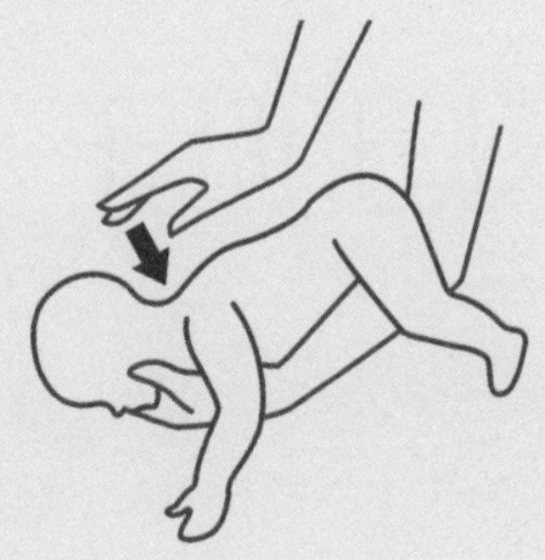

◆**患者已经昏迷时**

两腿分开，跨骑在患者腰部，一手握拳，双臂伸直，用力向前向下推压上腹部。

◆**自救**

1. 自行用拳头压上腹部。

2. 也可将上腹部压在椅背、桌缘、栏杆等处，反复用力压迫。

饭后拍肚子，**拍出肠梗阻**

有一天，急救科来了一名中年男士，只见他满头大汗，神情痛苦，一边不停地拍打自己的腹部，一边大声地喊："医生赶紧帮我看看，肚子胀痛得厉害！"

医生耐心询问后方知，他的肚子痛是自己"拍"出来的。这位男士4小时前吃了一顿大餐，回家后觉得腹胀，就用手轻轻拍打腹部，以减轻腹胀感。见腹胀没好转，他便开始用力拍打，没想到，不但没缓解，反而引起剧烈胀痛。

到医院时，他腹部的皮肤已被拍得鲜红，可见大片皮下瘀血。医生检查发现，他的肠道内有大量积气、积液，诊断为肠梗阻。

为何饭后拍肚子，会拍出肠梗阻呢？

这是因为：过度拍击，会使肠壁肌肉的活动出现紊乱、腹壁皮肤血管扩张，同时使肠管血液供应减少，肠道自主神经功能紊乱，肠道蠕动功能减弱，这些因素都可引起肠管暂时性痉挛。

肠管暂时性痉挛使肠内食物的运行受阻，导致肠梗阻发生。幸运的是，这里谈及的肠梗阻，多为暂时性的，处理得当，可以很快缓解。但如果不能及时发现，也可能因为肠梗阻而引起多种并发症，甚至危及生命。

警示万一 饱食后，这些行为也可引起肠梗阻

1. “拍打疗法”——这种锻炼方式在中老年群体中流行，饱食后拍打腹部，可导致痉挛性肠梗阻。

2. 剧烈运动——会使肠扭转，引起机械性肠梗阻。

3. 如果腹胀难受，建议对腹部进行按摩。但力度一定要适度，否则也会适得其反。

应对万一 腹部按摩怎么做

轻柔的按摩可以促进肠管运动，加强对食物的消化、吸收和排泄，缓解腹胀不适。

手掌轻触腹部，以肚脐为中心，顺时针方向按摩。用力应适度，由轻到重，以微微感觉到腹部发热为宜。

腹部皮肤有化脓性感染、腹部有急性炎症（如肠炎、痢疾、阑尾炎等）时，不宜按揉，以免炎症扩散。

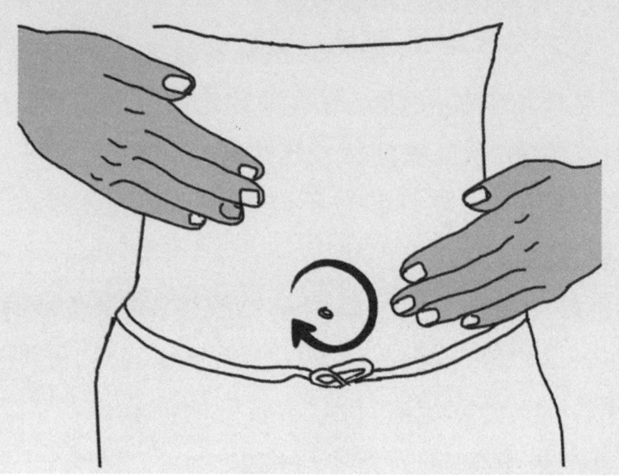

日啖荔枝，**莫过六两**

苏东坡说，“日啖荔枝三百颗”。若真按照这种吃法，可能会吃出“荔枝病”。

自从老婆怀孕后，林先生每天都要买一大袋水果给老婆吃。这一天他买的是荔枝，老婆喜欢，一口气便吃下一斤，不料随后突然晕倒。忙送急诊，医生诊断为低血糖，原因居然是荔枝吃多了。

林先生不解：荔枝明明是甜的，怎么会吃出低血糖呢？

原来，荔枝所含的糖分主要是果糖，果糖进入体内后，需要动用酶，才能分解为葡萄糖被人体吸收。

当人大量摄入荔枝后，体内的胰岛素会大量分泌，使血糖水平急剧下降。而荔枝所含的果糖分解起来却是慢悠悠的，无法及时为血液补充足够的葡萄糖，低血糖症状便出现了。

吃太多荔枝的人，往往食欲不佳，蛋白质、脂肪摄入不足，机体贮糖减少，就更易出现低血糖症状。

此外，荔枝中的α－次甲基丙基甘氨酸，本身也具有降血糖的作用。极少数人体内缺乏果糖-1,6-二磷酸酯酶等，使得果糖在其肝、肾、肠中堆积，不能分解代谢，也会导致低血糖反应。

所以，荔枝虽甜美，却万万不可贪嘴！

预防万一 怎样吃荔枝，不得低血糖

1. 成年人，一天最好不超过300克（即6两）。

2. 可把荔枝连壳放在盐水里浸泡后再食用。

这些情况下，要少吃荔枝：

1. 儿童初尝荔枝时；2. 妇女妊娠怀孕时；3. 成人过量饮酒时；

4. 空腹食用荔枝时；5. 口服降糖药物时；6. 严重肝肾疾患时。

特别提醒：别拿荔枝降血糖。

虽然食用大量荔枝会出现低血糖症状，但这不代表糖尿病患者能吃荔枝来降血糖。当荔枝中的果糖在体内停留的时间足够长，最终还是会转化为葡萄糖，导致血糖不降反升。

应对万一 出现"荔枝病"，赶紧喝糖水

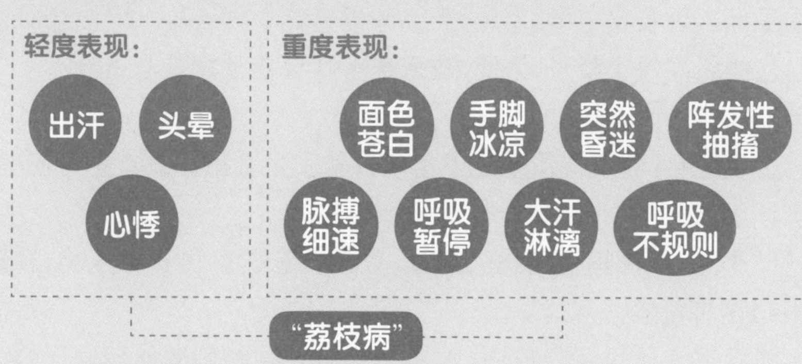

1. 如果仅有头晕、乏力、出虚汗等轻度反应，应立即饮用白糖水、葡萄糖液及其他高糖分流质、半流质食物。

2. 如果有抽搐、虚脱等重症，要就近请医务人员或急送医院进行治疗。

心急不吃**四季豆**

2015年6月11日15时许，河北省邯郸市磁县黄沙学校初一(1)班正在上数学课。一名同学突然呕吐，自称头晕、腹痛，以为是喝凉水或开空调受了凉。

可是，约1个小时后，同校却有多达52名同学出现类似不良反应。

医务人员经检查、化验诊断，学生们是因为食用了食堂未炒熟的四季豆而出现食物中毒。

这类新闻每年都有，为此，越来越多学校食堂将四季豆拉入了“黑名单”。

你可能会问，为何四季豆中毒事件常发生在集体食堂呢？答案在于烹饪火候上。

四季豆，又称扁豆、芸豆、刀豆、豆角。它含有皂苷和植物血凝素(IPHA)两种毒素。

皂素存在于豆荚外皮中，对胃黏膜有较强的刺激作用，可引起呕吐、腹泻等消化道症状；植物血凝素存在于豆粒中，可以破坏红细胞的携氧功能，使红细胞凝集引起中毒。

只有在100℃以上加热，才能使这两种毒素破坏分解。

但如果“偷懒”，煮四季豆时，只用沸水过一下，或是急火猛炒马上起锅，就不能完全破坏天然毒素，食用它就可引起中毒。

家庭或餐馆里，使用的锅小、炒菜量也少，容易把四季豆烧熟煮透。但集体食堂就不一样了，炒制时，因锅大、量多，豆受热不均匀，不易烧熟煮透。因此，四季豆中毒事件常发生于食堂。

烹饪时，当四季豆失去原有的绿色、生硬感和豆腥味，就说明已去掉毒素。四季豆越成熟或存放时间越久，毒素就越多。

加工前，最好把豆两头的尖及荚丝去掉，在水中浸泡 15 分钟。对东北油豆则更需小心，因为这种“大粒扁豆”煮透去毒很不易。

警示万一 四季豆中毒有何表现

1. 通常在食用后，30 分钟至 5 小时内出现症状。
2. 初期有胃部不适，继而出现恶心、呕吐、腹痛。
3. 严重时甚至出现溶血、休克。
4. 有的患者会伴随头晕、头痛、四肢麻木、腰背痛等。

应对万一 四季豆中毒急救法

1. 饮水 500~600 毫升，然后用手指或筷子刺激咽喉、舌根，将吃的饭菜吐出来，如此反复 2~3 次。

2. 口服牛奶、蛋清或浓米汤以保护食道和胃黏膜。

3. 经上述处理后，症状无缓解且出现颜面苍白、黄疸、脉搏快而弱者，应立即送往医院救治。

打赌吃喝**有风险**

两个年轻人到餐厅吃饭，点了一碗红烧肉。

甲自夸道："这样的红烧肉，我一顿能吃它四五碗。"

乙不信："你吹牛吧，你若能一次吃下五碗，这顿饭的钱，我给了！"

"此话当真？"

"一言既出，驷马难追！"

就这样，甲一连吃下五碗红烧肉，赢了朋友，心满意足。不料，就在回家路上，他突然上腹作痛，倒地不起，后经抢救无效死亡。

他是怎么死的？一次性过量摄入高脂肪食物，导致胰脏损伤而死！

打赌吃喝，在年轻人的饭桌上很常见。赌喝啤酒、赌吃西瓜、赌吃包子、赌喝醋……被视为餐桌娱乐。然而，年轻人争强好胜，又不知深浅，一旦逞能就容易赌出生命危险。

曾经，还有人因打赌吃馒头喝水，造成胃破裂。

成年人的胃有多大？大概有1000~1500毫升的容积。大概喝3瓶500毫升装的矿泉水，就会饱了。大概喝第5瓶矿泉水时，人的胃就会扩张到极限。

在这个过程中，胃壁会过度牵拉变薄，达到极限时，胃失去动力无法收缩,就会出现“瘫痪”或“罢工”。这种表现,临床上叫急性胃扩张。

如果胃黏膜受损,胃壁就可能溃疡,严重时可致胃壁坏死和穿孔。

2011 年,浙江台州一名女子就是被“撑死”的。她被送往医院急救时,胃已足足被撑大 20 倍。由于胃壁破裂,胃液流入腹腔,腐蚀内脏,患者最终不治身亡。

临床上,因打赌吃喝出现酒精中毒的、胃出血的,比比皆是。此类案例,年轻人当引以为戒。

预防万一 胃的容量有多大

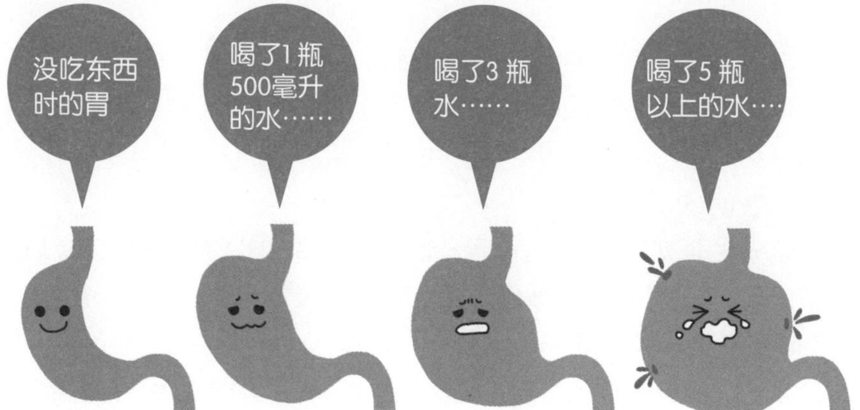

应对万一 朋友跟你赌吃喝,该怎么做

1. 拒绝诱惑,避开挑战。
2. 别因好面子,宁可输也要保护身体。

贸然停药，**暗藏杀机**

老年人多患有慢性病，生活与药捆绑，需长期服药以控制病情。

他们总期盼“哪天可以停药啊”。而一些“冲动派”，问也不问医生，就擅自突然停药。

结果，意外发生了……

李先生有支气管哮喘，服用一段时间的强的松（糖皮质激素）后，病情好转，于是他自作主张停了药。结果，当天他被发现昏迷于家中。

不就停用一下激素吗，有这么大风险？

是的。因为长期大量应用糖皮质激素类药物，能引起人体肾上腺皮质功能减退，如突然停药或减量过快，就可能出现肾上腺皮质功能不全，甚至危象。

它表现为恶心、呕吐、乏力、低血压和休克等症状，严重者可危及生命。

很多药都有停药反应，无论是减药还是停药，都应在专业医师的指导下进行。

预防万一 这些药，不能贸然停

因贸然停药而出现的反常现象，医学上有个专有名词，叫“停药（或撤药）综合征”。以下几类药物都有严重的停药反应——

抗高血压药 常见的降压药物，如普萘洛尔（心得安）、阿替洛尔(氨酰心安)、美托洛尔(倍他乐克)、可乐定（氯压定）等，长期使用后突然停药，可引起反跳性高血压、心绞痛加剧或继发心肌梗死、颅内出血等，严重者可引起猝死。

抗糖尿病药 胰岛素治疗，几乎是所有类型糖尿病患者控制血糖的重要手段。1型糖尿病患者如忘记用药或减量过大、过快，可造成严重的反跳，血糖显著增高，并可诱发高渗性糖尿病昏迷，以及糖尿病酮症酸中毒而危及生命。

抗心绞痛药 硝酸甘油及钙离子拮抗剂硝苯地平（心痛定）等，是临床上治疗冠心病的一线药物。长期应用这些药物后突然停药，可能导致心绞痛加剧，出现恶性心律失常，严重者可致猝死。

抗癫痫药 除一部分癫痫患者能针对病因进行治疗外，大多数均需长期服用抗癫痫药物，如苯巴比妥（鲁米那）及苯妥英钠（大仑丁）等。若突然停药，可造成情绪激动、失眠、焦虑、惊厥、抽搐和癫痫发作，甚至出现癫痫持续状态。

抗甲状腺药 在应用抗甲状腺药物如丙基硫氧嘧啶、甲硫基咪唑（他巴唑）、卡比马唑（甲亢平）等过程中，若突然停药，可致甲状腺危象（高热虚脱、心力衰竭、水电解质代谢紊乱），以及反跳性血液高凝状态或血栓形成。

老人噎食**速抢救**

吞咽困难在老年人中较为常见，尤其是患有脑血管病的患者。

案例一：男，70岁，脑梗死病史3月余。平素伴有轻度的吞咽困难。2006年11月24日，中午食用牛肉后突然出现屏气、呼吸困难，继而出现颜面青紫，不能言语，呼吸、心跳停止。

家属立即拨打“120”，将患者送入急诊科。立即给予心肺复苏，清除口腔分泌物，喉镜下取出3块约3厘米×3厘米×5厘米肉块，抢救约半小时后患者自主呼吸、心率恢复。

案例二：男，71岁，脑梗死病史10年，遗留饮水呛咳。2007年1月15日晚餐食肘子肉时，突然呛咳，继而出现意识丧失，呼吸停止。

“120”工作人员到现场后，取出1块约3厘米×4厘米×5厘米肉块，给予心肺复苏但未能挽救其生命。

进食和咽下动作，是受大脑活动控制的。老年人唾液分泌减少，缺齿，咀嚼肌无力，加上疾病所致不同程度的大脑机能障碍，反射迟钝，神经支配功能紊乱，神经肌肉不能很好地协调活动，因此容易发生误咽和窒息。

前述两个案例中的老人，皆患有不同程度的脑动脉硬化、脑梗死等脑部病变，导致吞咽反射迟钝；加之又进食了不易咀嚼的肉类固体食物，更易发生食物误咽入气管内而危及生命。

应对万一　老人噎食家庭救助法

腹部冲击法之一（清醒患者）

1．清醒的患者采取站立位或坐位。
2．迅速清除口腔内所见一切异物。
3．位于患者背后双手环抱其腰部。
4．一手握拳拇指顶住患者上腹部。
5．快速向内向上方施力冲击数次。

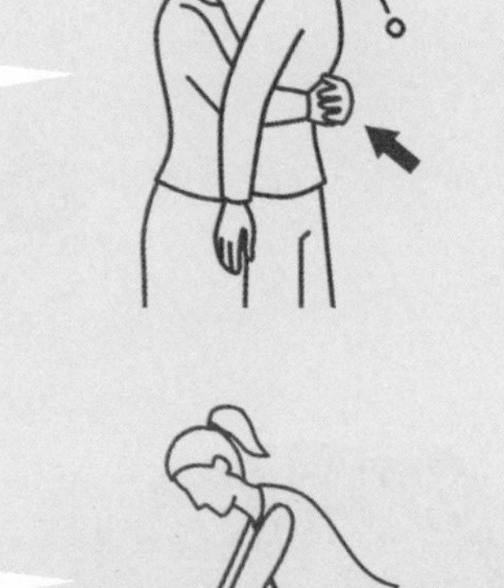

腹部冲击法之二（昏迷患者）

1. 昏迷患者平卧头后仰偏向一侧。
2. 迅速清除口腔内所见一切异物。
3. 施救者应骑跨于患者肢体两侧。
4. 双手掌根重叠置于患者上腹部。
5. 快速向内向上方施力冲击数次。

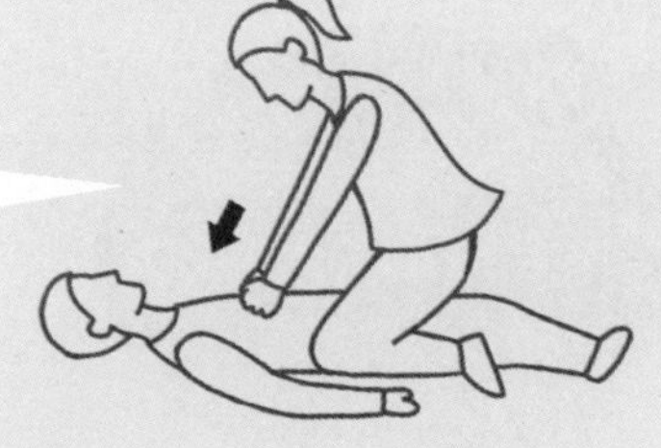

预防万一　老年人这样防噎食

加强吞咽训练：练习张口闭口运动及舌的运动，练习微笑、鼓腮等动作，以训练口腔及面部肌肉。

选择适宜的食物：以软食、半流质为宜，如蛋羹、粥类、菜泥等。水分，应尽量混在半流质的食物中给予。

摆正进食体位：取舒适、无疲劳的坐位，卧床者应抬高床头 45 度。

注意进食状态：就餐时思想要集中，不要与他人谈话，入口食物量要少，细嚼慢咽。刚睡醒不宜立即进餐。

烟，毒害**下一代**

孕妇
◆流产
◆宫外孕
◆妊娠高血压
◆胎盘早剥
◆妊娠糖尿病
◆妊娠期出血
烟
◆4000多种化合物
◆至少250种有害物质
◆50多种致癌物
胎儿
◆发育迟缓
◆缺氧窒息
◆智力下降
◆死胎

假如你有孕在身，正要进入一个房间，房门口贴着一个警告标志："屋内有毒气，含有约 4000 种化学物质，有些会损伤你腹中的胎儿，甚至会导致流产。"

此时，你会作何反应？"天哪，我当然不会进入这个房间！"大部分孕妇一定会这么回答。

可是在现实生活里，许多被动吸"二手烟"的，或者自己吸烟的孕妇，却不知自己给腹中胎儿输送的，正是这样的毒气。

烟含有一氧化碳、氢化氰、挥发性亚硝胺、苯、尼古丁、焦油等有毒物质。尼古丁能使人上瘾，能使血管收缩；一氧化碳是氧气的掠夺者；氢氧化物被用来制作老鼠药；苯则是一种致癌物。

当这些有毒化合物被孕妇吸入肺部后，能经肺泡进入血液，从而流到全身，通过胎盘输送给胎儿。

使胎儿发育迟缓　尼古丁进入孕妇血液中后，能使子宫血管变窄，从而减少流入子宫的血液。这样一来，子宫胎盘供给胎儿的养分也会减少，胎儿的生长就受到影响。

使胎儿缺氧　孕妇吸烟或吸"二手烟"，还会阻碍胎儿从血液中获得氧气。所以，当人们在外吞云吐雾时，胎儿在腹中会感到窒息。胎儿缺氧可发生流产。

损胎儿大脑　研究发现，妈妈在怀孕期间抽烟，尤其是妈妈吸烟量每天超过1包的孩子，和妈妈不吸烟的孩子比起来，他们在婴儿期头围较小，1岁时智力发展较差，智商较低，较多的行为表现有问题。

致婴儿猝死　烟草还可能增加婴儿猝死的风险。丹麦的一项大规模调查表明，30%~40%的婴儿猝死与其母亲妊娠期间吸烟有关。

海吃海喝，**生出巨大儿**

对中国人来说，生个“大胖儿子”“大胖丫头”是好事，新生儿越大越健康。为此，准妈妈们总是憋足劲地吃。

宋女士就是这样的例子。怀孕后，她每天鸡鸭鱼肉、水果、蔬菜不离口。结果空腹血糖从正常值 6.1 毫摩尔 / 升以下，飙升到 10.8 毫摩尔 / 升，患上妊娠糖尿病，常感头晕，口渴，尿频，睡不好。

28 岁的小丹怀孕期间体重增长 15 千克。有一天突然腹痛，送往医院时，出现急性黄疸、凝血功能差、昏迷，确诊为妊娠合并急性脂肪肝，只能终止妊娠。医生分析，是海吃海喝惹的祸。

王女士孕期体重猛增。因为胎儿过大，坚持 20 个小时都无法自然分娩，最后只好进行剖宫产，生出一个 5 千克的巨婴。

在过去粮食不足的年代，孕妇要“一个人吃两个人的饭”，或许有一定的道理。但在当今，人们面临的问题不是营养缺乏，而是营养过剩。孕期海吃海喝，就未必是好事。

● 孕妇体重超标有哪些危害

◆分娩出巨大儿

巨大儿是指出生体重超过 4 千克的新生儿。巨大儿虽大，发育却往往不成熟，可能有低血糖、缺钙、心脏病等风险，日后肥胖、患糖尿病的风险会明显增加。

◆合并妊娠糖尿病

易导致流产、畸胎、死胎、分娩巨大儿、早产，以及酮症酸中毒等。

◆合并妊娠高血压

易导致孕妇头痛、水肿、昏迷、抽搐，胎儿发育迟缓、围产期死亡。

预防万一 孕期体重增长多少才合理

◆如果你怀的是单胎——

怀孕前体重 / 标准体重	孕妇体重增加	中、晚期体重增加
80%（瘦型）	12.5~18 千克	0.51 千克 / 周
80%~120%（正常）	11.5~16 千克	0.42 千克 / 周
120%~150%（偏胖）	7~11.5 千克	0.28 千克 / 周
150%（过度肥胖）	5~9 千克	0.22 千克 / 周
资料来源：2009年美国医学研究院，Institute of Medicine，IOM		

注：妊娠早期 3 个月平均体重增加 0.5~2 千克，在孕 24 周前体重增长最好不超过 5 千克，否则会大大增加妊娠并发症的风险。

◆如果你怀的是双胞胎、三胞胎——

怀孕前体重	孕期体重增加
正常或偏瘦者	17~25 千克
偏胖者	14~23 千克
过度肥胖者	11~19 千克

灾难应急指南 ①

PART1 您头脑中应有什么样的急救方案

1. 去哪里汇合？

确定两个汇合地点：

·您家的外面。

·图书馆、社区中心、教堂等明显、容易记的地方，最好在您居住的街区以外。

确保每个家人都知道第二个汇合地点的地址和电话。

2. 怎样撤离？

要熟悉每一条从您家或街区撤离的路线，并进行实地练习。

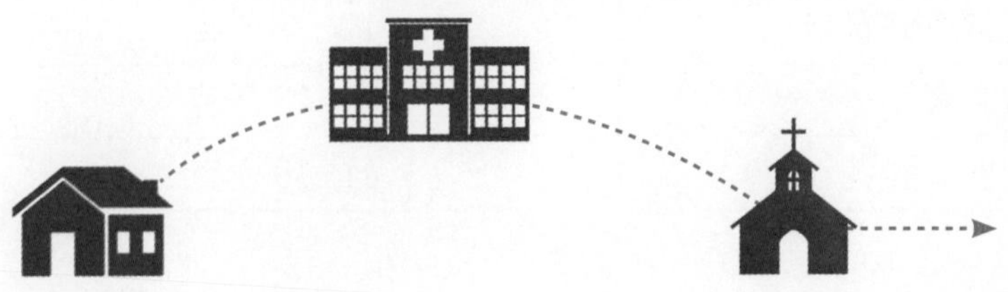

3. 家人走散时，联系谁？

当灾难发生时，本地电话线路可能中断或繁忙，外地的朋友或亲戚，就是重要的联络人。

4. 考虑每个人的特殊需求。

5. 所有家庭成员一起将方案练习一遍。

PART2 您应有一个什么样的随身急救包

每一个家庭或每个人，都应当准备一个随身急救包。您的随身急救包应该放些什么？

- 重要文件副本，如身份证。
- 备用钥匙。
- 信用卡、现金。
- 瓶装水、不易变质的食物。
- 手电筒、收音机、电池。
- 药品、处方副本。
- 可供使用1周的药。
- 可供使用1周的个人用品。
- 鞋子、雨衣、密拉毯。
- 家人联络方式和汇合地点。
- 本地地图。
- 儿童护理用品和其他用品。

PART3 家中应备有哪些应急物品

应在家中储存足够的补给，至少可供全家人 3 天生活所需。

- 每人每天3~4升水。
- 罐装食品、开罐器。
- 医药箱、药品、处方。
- 手电筒、收音机、电池。
- 哨子。
- 无味漂白剂或含碘药片（用于水净化）。
- 个人卫生用品。
- 鞋子、厚手套、密拉毯、雨具。
- 灭火器、一氧化碳探测器。
- 儿童护理用品或其他用品。

PART4 您会打“120”急救电话吗

发生生命危险，拨打“120”是人人皆知的常识，可电话拨通后，该怎么说？这几点要讲清：

· 患者的**姓名**、**年龄**、**性别**。

· 患者**最危重的病情**，如昏迷、大出血、呼吸困难等，若知道他的病史，还应讲明他所患疾病。

· 现场的**详细地址**、**门牌**或**楼号**、**楼层**、**房间号**及**电话号码**等。

· 约定等候急救车的详细地点。最好选择就近的**公共汽车站**、**较大的路口**、**醒目的建筑物**等处接车，确保候车人**电话通畅**。

· 如果是意外灾害性事故，必须说明**灾害的性质**。如交通事故、塌方、火灾、触电、溺水、毒气泄漏等，还必须说明**受伤人数**、**严重程度**。

· 快速准确回答“120”调度员需要了解的其他问题，**等对方先挂电话，您再挂电话**。

· 提前准备好就医所需的**医保卡**、**病历**、**现金**等，清理楼梯或走道等处影响搬运病员的杂物。

· 打完电话后，尽快提前出去接车，见到救护车应**主动上前接应**，带领医务人员赶到现场。

第二章

喝出来的『万一』

酒里泡出**畸形儿**

据英国媒体报道，在美国南部印第安人居住的社区里，因为母亲酗酒，有数百名儿童一出生就患有胎儿酒精综合征(FAS)。

他们面容特殊：鼻子短、鼻孔朝天、人中平坦、上唇扁平、眼睛小、眼睑下垂、上颌骨小。他们的关节、手、足、手指、脚趾都发育迟缓，协调性差。

不仅如此，他们还可能患有先天性心脏病或内脏畸形。由于智力低下，过度活跃或注意力差，他们无法像其他孩子一般正常学习。

那么，酒精是如何对胎儿造成伤害的呢？

胎盘对酒精无屏障作用，母体血液中的酒精可以畅通无阻地进入胎儿体内。据测，孕妇饮酒后1分钟，便可在胎儿脐带中查到乙醇，且发现乙醇在胎盘中滞留的时间较长。

一般而言，在怀孕的最初3个月饮酒，对胎儿最具破坏性。因为这段时间胎儿的发育对周围环境因素最为敏感，如果受到外界致畸因素的影响，容易出现畸形。

酒精的致畸作用还与孕妇饮酒的浓度、饮酒量及孕妇个人体质有关。饮酒量越高，酒的度数越高，相对危害也越大。

如果孕妇只是偶尔饮用少量的葡萄酒等低度酒，可能并无大碍。但是，谁也无法保证百分之百安全，所以女性备孕期间以及孕期都应绝对禁酒。

警示万一 胎儿酒精综合征面容

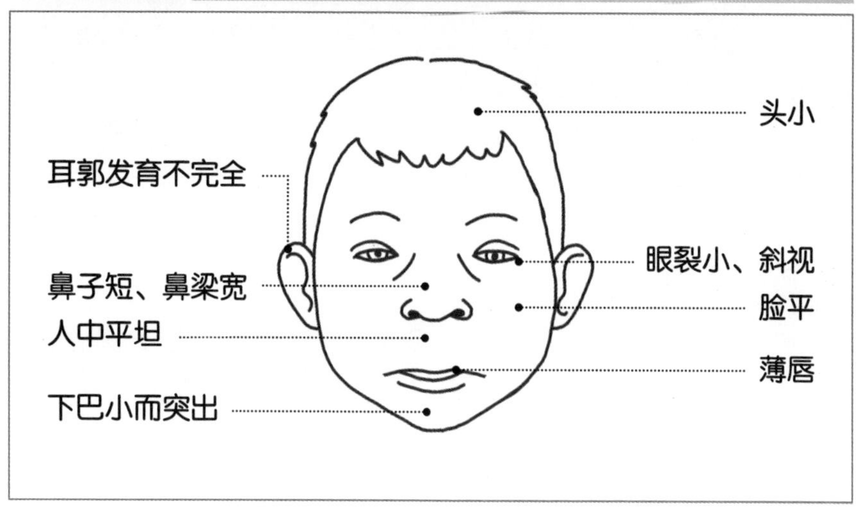

豪享冷饮**伤心肠**

炎炎夏日，普通人都觉得热，更别说体温比常人更高一些的孕妇了。不少孕妇忍不住想吃冰西瓜或冷饮，真的可以这样吗？

重庆市有一位 28 岁的刘女士，怀孕 8 个月，因天气太热，吃了几瓶冰饮料，结果腹痛不止，差点流产。

并非说冷饮会直接导致流产，而是孕妇享用冷饮更须节制。因为，冷饮不仅伤肠、伤心，还伤脑！

● 冷饮伤肠

怀孕期间，胃肠对冷的刺激非常敏感。大量喝冷饮，胃肠道的温度会骤然下降，胃黏膜毛细血管迅速痉挛收缩，导致胃黏膜缺血、血流量减少，从而使消化吸收功能失调。

同时，冷刺激会使胃酸和胃蛋白酶分泌减少，降低胃的杀菌和免疲力，从而导致消化功能紊乱。

当胃与肠的蠕动失去正常规律，还可能迫使一段肠“套进”另一段肠腔中去，形成肠梗阻，引起肚子绞痛、呕吐、腹胀。严重时可使肠坏死，危及生命。

胎儿对冷的刺激也极敏感，受冷后会在子宫内躁动不安，胎动变得频繁。

● 冷饮伤心

冷饮能“冻”出心脏病。曾经就有一位 29 岁青年，在下班途中豪饮了 2 升冰镇啤酒，结果半小时后，突发急性下壁心肌梗死，差点命丧黄泉。

原因是，食道紧邻心脏后面，胃在心脏底面，暴饮冷饮后，心脏受冷刺激，会引起冠状动脉痉挛，导致心肌缺血缺氧，从而诱发心绞痛、心律不齐、心肌梗死。

● 冷饮伤脑

杭州 19 岁的小徐在不到 5 分钟之内，将一大盒冰淇淋狂扫入肚。没过多久，他突然头痛欲裂，赶往医院，被诊断为“冰激凌性头痛”。

当冷饮刺激口腔和食道黏膜时，可反射性地引起头部血管痉挛，让人的上腭、舌头和头顶出现麻木感，随着血管的扩张，即可发生搏动性头痛（如太阳穴跳痛等）和恶心。由于这种病最初发现时是由吃冰激凌等冰制品引起的，故有此名。

这一冷一热的刺激，也易导致血管急剧痉挛收缩，致使血压大波动，毛细血管也可能发生硬化，甚至造成小动脉持续痉挛，继而发生脑血管破裂出血、脑栓塞、脑梗死。

所以，有心脑血管基础病的患者，尤其不宜多食冷饮。

冬夜醉酒**不独行**

有一个小伙子是刚从财经大学毕业的高材生，很幸运地分配到条件优越的银行工作。一天，昔日好友相聚，把酒为他庆贺。他喝醉了，聚会结束时，他固执地谢绝别人相送，独自一人走路回家。

第二天清晨，他的父母见儿子一夜未归，询问得知，儿子已步行回家，更是心急如焚。他们沿路寻去，结果在离家不远的路边，发现了依偎在电线杆下，冻僵身亡的儿子！当时正值隆冬季节，近零下30摄氏度的气温，还下着雪。

饮酒过量出现的醉酒，是一种中枢神经系统先兴奋后抑制的失常状态。小剂量的乙醇能抑制大脑皮层，导致皮质下中枢的脱抑制性兴奋，出现如情绪高涨、兴奋话多、控制能力下降等表现。

随着乙醇剂量的增加，抑制作用向皮质下中枢蔓延，除上述症状加重外，还会出现运动控制能力受损、意识清晰度下降等症状。乙醇剂量继续加大，还会抑制延髓生命中枢，进而可导致昏迷，甚至死亡。

故事中的主人公，正是醉酒后在神志不清醒的状态下，独行于寒冷冬夜，在乙醇的抑制作用下，依附于电线杆下沉沉睡去，酿成悲剧。

应对万一 吃什么能解酒

正确

喝果汁、绿豆汤，生吃梨子、西瓜、荸荠(马蹄)、橘子之类的水果。

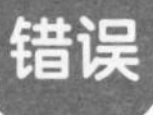

错误

茶和咖啡能醒酒，但同时利尿，可导致机体失水，加重心脏负担，加重酒精对胃黏膜的刺激。

可乐喝出**低血钾**

29 岁的林先生常把可乐当水喝，久而久之出现了心悸、头晕、四肢无力、呼吸困难症状，被朋友送进了医院，最终被确诊为低钾血症。

无独有偶，来京城务工的小李，身体强壮，却因心慌、心悸来就诊。他两天前饮酒后多次呕吐，以致两天来胃口不好，没吃多少东西。

心电图检查发现，小李存在严重的室性心律失常。医生立即让他抽血进行化验检查，结果显示，血钾过低。在进行监护治疗的初期，小李还一度出现心室纤颤和心跳骤停，经抢救方转危为安。

这两位小伙子，平常身体都挺好，怎么会得低钾血症呢？

首先认识一下钾。钾是一种重要的电解质，血清钾浓度只有保持在一定范围内，心脏才能维持正常的生理功能。正常血清钾浓度为3.5~5.5 毫摩尔 / 升，低于这个水平，就称为低血钾。低钾可使心脏兴奋性增高，可以诱发严重心律失常，甚至心脏停跳。

可乐含有的大量葡萄糖，可以通过渗透性利尿和高胰岛素血症引起低钾；可乐中的碳酸成分也可导致血钾降低。

更多人的低血钾发生在酒后。这是因为，多数人醉酒后会出现胃肠不适和频繁呕吐、出汗、腹泻等，体内丢失大量的消化液和水分，加上酒后饮食减少，体内钾流失增加而摄入不足，就会导致低血钾。

所以说，不论喝饮料，还是喝酒，都要悠着点！

久服汤药**诱心衰**

平日里，不少老年人会熬制中药汤来调养身体。但有的老人不讲究方法，结果反而弄巧成拙。

这是一个真实案例。有位老太太每隔一段时间，就犯一次心衰。医生分析发现，她的心衰可能与久服中药有关。在家时，她常熬制中药调养身体，一大碗中药汤，总能大口大口喝下去。

可能很少人会料到，喝汤药也会导致心力衰竭，因为药本身是治病用的嘛。不过，当不适量饮用时，它确实可能引起麻烦。

● 心脏怎么就罢工了

我们知道，心脏通过收缩，把血液排到全身，再通过舒张，把血液收回来。它就像一个永不停止的泵一样。如果这个泵本身基础不太好，或者已经出现问题，这时，再让过多的水分进入血管，就给心脏增加了负担。

心脏一罢工，会导致血排不出去，堆积在肺部。危险也就随之而来。这时，人就会出现呼吸困难、咳粉红色泡沫痰、心悸等心衰症状。

案例中的老太太喝大量汤药，又是长期喝，心脏也就出问题了。有的患者甚至只喝了几十毫升的水，也出现急性心衰。

所以，提醒患有心血管疾病，或者心功能比较差的老年人，要严格限盐、限水，以减轻心脏负担。喝水、喝药时，万不可大剂量地猛喝。

● 喝水、输液都要慢

老年特殊人群，除了要注意喝药的“量”，还要注意“速”的问题。

一些正在输液的老人很着急，会自行或要求护士把输液的滴速调快点。

一般在正常情况下，护士会将输液滴数调到每分钟 20~30 滴。但是，如果一下子调成 40~60 滴，输液滴速太快，会在很短时间内加重心脏负担，最后就容易出现心衰。

与之同理，这样的隐患也存在于喝水中。因此，老年人一定要注意慢输液、慢喝水。

警示万一 捕捉心衰的蛛丝马迹

◆右心衰

心脏病患者尿少（每天尿量少于 500 毫升），下肢浮肿，早期下午或傍晚踝关节附近浮肿，第二天清晨浮肿消退，从平卧状态坐起来仍可见颈静脉曲张，或体检发现肝肿大，按压肝脏颈静脉出现怒张。

◆左心衰

患者常感疲乏，劳累或劳动后心悸气促，早期休息尚能缓解。若是心脏病患者夜间喜欢高枕而卧，这便是左心衰的信号。若半夜需坐起来喘气，则说明左心衰已经来临，务必立即请医生诊治。

孩子不发育，**竟因烫伤**

小齐今年 15 岁，正值豆蔻年华。然而，眼看同龄人都渐渐长开了，她的胸前却依然“风平浪静”。

奶奶带她到医院做治疗。医生一问才知，她小时候受过伤：那时小齐 2 岁，奶奶把盛好的汤端上饭桌时，她冷不丁跑过去抱着奶奶的大腿，结果奶奶手一抖，热滚滚的汤整盆泼了下来，从肩膀到胸部，烫得小齐哇哇直叫。事后胸口留下厚厚的瘢痕。

这瘢痕，正是导致小齐乳房不发育的重要原因。

医生问奶奶：“当年孩子烫伤后，你是怎么做的？”

“我当时简直吓傻了，赶紧拿抹布帮她擦干，然后赶紧送医院。”奶奶说。

烫伤后，最重要的做法应当是用大量冷水冲伤口，给局部降温，可减轻热力对细胞的破坏，尽最大可能挽救损伤的细胞，减轻烫伤的深度。可惜，她奶奶没这么做。

许多人烫伤后非但没有用冷水冲洗，还往伤处涂牙膏、酱油、药水、药膏，这更是大错特错。特别是有颜色的药物及厚层油质，不仅对烫伤没治疗作用，还会影响医生对创面深度的判断，甚至会加深创面，导致创面感染，以及使愈后的瘢痕更加明显。

应对万一 烫伤急救五步骤：冲、脱、泡、盖、送

◆第一步：冲

第一时间用大量冷水冲烫伤部位20~30分钟，直到没有痛感为止。

◆第二步：脱

脱掉伤处的衣服，尽可能让伤处暴露。如果烫伤严重，渗液较多，粘连了衣服，不可强行脱衣，要冷水冲洗，用剪刀小心剪开衣服。

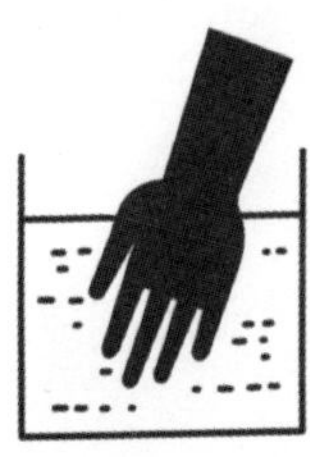

◆第三步：泡

疼痛明显者，可持续浸泡在冷水中10~30分钟。如果起了水泡，切记不要自行刺破或擦破水泡，以防感染，也不要涂牙膏、酱油等物品。

◆第四步：盖

用消毒的纱布或清洁的纱布轻轻覆盖伤处。

◆**第五步：送**

烧伤较严重者，应尽快就医。

特别注意：烫伤部位皮肤如已破溃，不建议流水冲洗，以防感染。

预防万一 家中有小孩，要注意这些细节

1. 热汤、热牛奶、热粥、火锅等食物，切勿放置在桌子边缘，也不能让孩子自行取用。最好不要使用桌布，以免小孩扯下桌布，被烫伤。

2. 端热汤、热水时，最好先警告小孩“别靠近”。

3. 热水瓶、饮水机应放置在高处。

4. 给孩子洗澡时，要先将冷水倒入盆中，再加入热水混合至合适温度，再叫孩子来洗澡。

呛奶，**惊险**

某天晚上，一个年轻男子怀抱女婴匆匆跑进医院急诊科。这名女婴面部发青，已有窒息症状。

细问得知，女婴喝奶时出现呛奶，当时父母并未特别在意，等到女婴嘴唇发紫，才意识到事情的严重性，急忙送医院。由于耽搁的时间太长，当他们抵达医院时，奶汁已经呛入婴儿肺部。婴儿最终因窒息抢救无效死亡。

新生婴儿很容易吐奶，而吐出的奶水由食道逆流到咽喉部时，可在吸气的瞬间误入气管，即发生呛奶。

由于婴儿的神经发育不完全，一些反射还很薄弱，无力将呛入呼吸道的奶咳出，因此易导致窒息。

婴儿的大脑细胞对氧气十分敏感，若停止供氧 5 分钟，即可死亡。因此，抢救婴儿呛奶要争分夺秒。

警示万一　如何发现婴儿呛奶

表现一：婴儿在喂养后出现频繁、剧烈的咳嗽，随之吐出大量奶汁。

表现二：通常婴儿会不停挣扎，脸色发白，嘴唇发紫。

应对万一 婴儿呛奶急救步骤

◆轻微吐奶时，密切观察

若发生轻微吐奶，婴儿自己会调整呼吸及吞咽动作来避免将奶吸入气管，家长只要密切观察其呼吸状况及面色即可。

◆大量吐奶时，五步处理

1. 平躺时吐奶，应迅速将婴儿的脸侧向一边，以免吐出物向后流入咽喉及气管。

2. 用干净的手帕裹住手指，迅速清理婴儿口中残留的呕吐物。可用温水蘸湿的小棉棒清理其鼻孔。

3. 婴儿憋气或脸色变暗时，表示奶可能已进入气管，这时要把他抱起，俯卧在大人膝上，用力拍打其背部，助他咳出奶水。

4. 经以上抢救后，婴儿情况若无好转，可马上拍打其脚底，使他疼痛而哭，迫使他加大呼吸后吸氧入肺。

5. 若以上措施均无效，应立即拨打急救电话，送往医院救治。

预防万一 喂奶姿势要做对

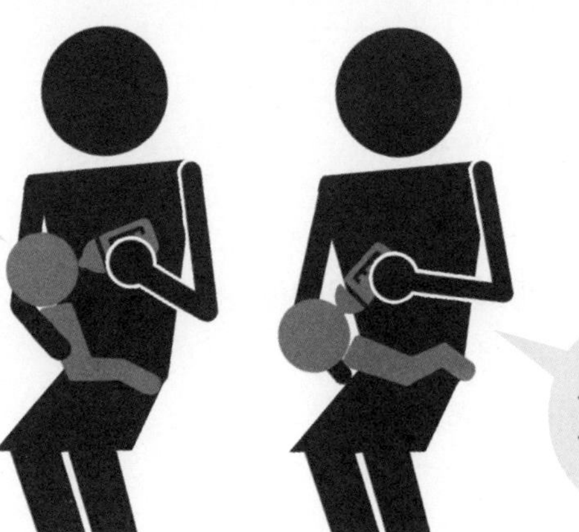

灾难应急指南②

PART1 怎样撤离

当公共安全遇到严重威胁时,您可能会被要求撤离。

1. 遇到下列情况时,请立即撤离:

- 应急部门官员要求您紧急撤离时。
- 闻到煤气或浓烟时。
- 看到大火时。

2. 如何做好撤离准备:

- 关闭并锁好门窗,在离开前拔下电源插头。
- 穿上结实舒适的鞋和保护性的衣服,如长裤和长袖衬衫。
- 带好您的随身急救包。
- 熟知工作地的撤离计划。
- 熟知孩子所在学校的撤离计划。

PART2 怎样躲避

当无法撤离时，您也许会被要求就地躲避，或离开家躲避。怎么躲避更安全？

1. 如果需要就地躲避：

· 进入家中或最近的建筑物。

· 躲在门窗较少的地方。

· 封闭所有门窗。

· 关闭所有通风系统。

· 不要频繁使用电话。

· 随时收听最新新闻。

· 使用随身急救包。

2. 如果需要躲避到他处：

· 尽可能躲到外地。

· 避难场所可能是学校、政府建筑和宗教场所。

· 不允许携带酒、违法物品进入躲避场所。

· 宠物不可带入躲避场所。

· 应携带随身急救包。

PART3 公共设施运行中断怎么办

公共设施运行中断是现代社会偶尔会出现的一种不便。

1. 如果电力中断：

· 立即拨打电力公司电话。

· 拨打国家电网官方客服电话95598。

· 切断电器电源。

· 关闭冰箱门。

· 尽可能待在室内。

· 外出远离电线。

· 别在室内使用焦炭、煤气火取暖。

· 不要在室内使用发电机。

2. 如果水出了问题：

· 家中准备一些瓶装水。

· 如果饮用水质量受到威胁，有时您会被建议将水煮沸后再使用，或使用漂白剂、含碘药片或其他手段消毒。

· 在水质问题极其严重的情况下，不要使用管道水烹饪、饮用、洗手或洗澡。

第三章

排出来的『万一』

晨起，远离“马桶悲剧”

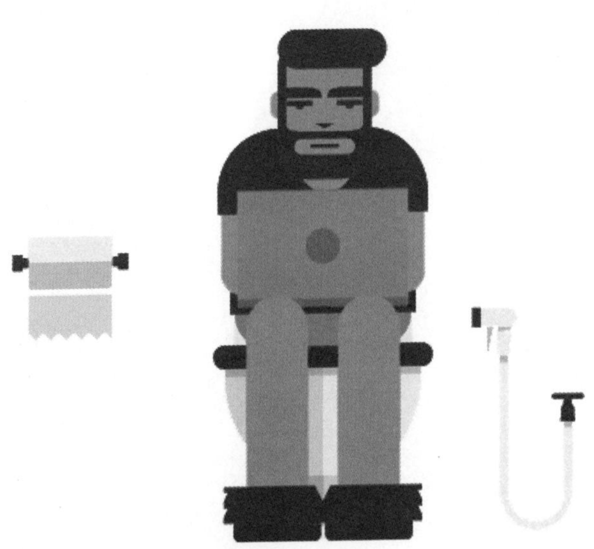

出恭致心脏猝死，这说起来不文雅，却是生活中常有的事。著名相声大师马季先生猝死的悲剧，便发生在马桶上。

2006 年 12 月 20 日上午 9 点 43 分，北京 999 急救指挥中心接到马季先生家中打来的求助电话。救护车赶到现场时，72 岁的马老先生坐在马桶上，已失去呼吸、心跳，初步诊断为解大便时突发心肌梗死。医生采取一系列紧急救治，最终没能挽回老先生的性命。

不就是解个大便，怎么会出现这样严重的意外呢？

● 排便时，血压快速升高

在排便时，人体腹内压增大的同时，血压会迅速上升，心率也相应加快。

中老年人或有疾患者，大便往往不顺畅，便秘者解大便，血压会升得更高。这一切都会增加心脏负担，可能导致心肌梗死。

● 清晨，血液淤滞

曾有一位老者清晨排便，结果发生了肺栓塞。这是因为，人睡了一晚上，下肢的血液是淤滞的，下肢形成的血栓一旦脱落，随着血流移动到了肺部，再把肺部的血管堵住，就会出现肺栓塞。这也可引起心脏猝死。

● 卫生间吸烟留隐忧

有些人还喜欢在卫生间吸烟。一个三十几岁的老板，有高血压病，只是在厕所抽了两包烟便发生了心肌梗死。这是因为，卫生间不见阳光、空气不流通，如果不断复吸烟雾，烟草中的烟碱会导致冠状动脉痉挛，引发猝死。

预防万一 预防“马桶悲剧”

◆起床做到“三个半”

睁开眼后,先躺半分钟,伸个懒腰。

起身,在床上坐半分钟,活动颈部和手腕。

别着急下床,双腿下垂床沿,坐半分钟,再下地动一动。

◆排便前，先吃药

发生“马桶悲剧”的人，多数患有高血压、冠心病等心血管疾病。前一天晚上吃的药物，经过十几个小时的代谢，到第二天早晨，药效已经到了低谷，没什么作用了。在血压高的时候，再用力排便，容易发生意外。

正确做法：起床后，喝水、吃药后，才能去排便或运动，这可能可以规避一些风险。

◆改变饮食

日常生活中，中老年人也应多吃高纤维蔬菜，以润肠通便，避免排便时给心脏增加太多负担。当然，还要改掉在卫生间吸烟的坏习惯。

憋尿，小心猝死

福州 58 岁的刘大爷打麻将，兴起不忍离开，憋尿 2 小时，“解决”完后却突然晕倒。

广州 22 岁的程小姐起床后昏昏沉沉进了洗手间，结果就再也没出来，被发现时她呼吸、心跳都停止。医生表示，她很可能是因憋尿太久，排尿时神经过度兴奋而引发猝死。

憋尿，医学上称为“强制性尿液滞留”。偶尔为之，只要膀胱压力不大，没什么严重影响。但如果经常憋尿，就会对身体造成很多伤害。

警示万一 细数憋尿七宗罪

致尿路感染。长期憋尿，尿液无法将细菌冲走，大量细菌在尿路聚集，就可能引起尿路感染。

致膀胱炎。憋尿时膀胱胀大，膀胱壁血管被压迫，膀胱黏膜缺血，抵抗力低时，细菌就会乘虚而入，造成急性膀胱炎。

致前列腺炎。有研究表明，导致前列腺炎的一个主因，就是泌尿系统的细菌通过前列腺管逆行至前列腺，引起感染，导致前列腺炎。

致肾盂肾炎。憋尿可导致尿液逆流回输尿管和肾盂，假如尿液中有细菌，便容易引发肾盂肾炎。

致膀胱破裂。憋尿时膀胱壁因膨胀变薄，此时若遇到意外撞击，有可能破裂。

致“心”病。憋尿使全身神经高度紧张，可引起自主神经紊乱，出现胃肠不适、呕吐、便秘及血压升高症状。冠心病患者可引发心绞痛、心律失常等。

致晕厥。突然、用力性排尿引起胸腔内压力增加，导致脑缺血而出现晕厥。在迅速排空时，也可诱发排尿性晕厥。

预防万一 憋尿之伤可以防

1. 每次睡觉前和外出前，最好先解决一下小便的问题。
2. 无论是打麻将、工作、学习还是开会，都应该有“中场休息”时间，让自己“方便”一下。
3. 憋尿后，除尽快将膀胱排空外，最好再补充大量水分，强迫自己多几次小便，这对膀胱有冲洗作用，可避免细菌滋生。

泻出胡言乱语

有一位患者就医时，情绪非常狂躁、胡言乱语。医生一开始以为他得了精神类疾病，进一步了解后得知，患者最近有腹泻。原来，腹泻使其体内钠元素大量流失，神志不清是电解质失衡所致。

正常情况下，消化道里的大部分水分会被大肠黏膜吸收，消化后的食物残渣变成粪便排出体外。但是，腹泻时大肠黏膜遭到破坏，对水分的吸收能力就会大大减弱，水分自然被大量排出，于是可能出现脱水现象：口渴、呼吸急促、头晕目眩等。

在这个过程中，钠、钾、钙、镁等元素会大量流失，从而影响血液酸碱平衡、神经传导功能和心跳节律，结果可引起神志不清、心律紊乱等不良反应。

所以，人们通常以为“拉肚子时喝点白开水就好”，其实是错的。腹泻时，除了补充水分，还应当补充电解质。

预防万一 腹泻时，如何补液

1 自制补液水:取白开水500毫升加细盐1.75克（约半啤酒瓶盖）、白糖10克（2小勺）；注意白糖不宜加得过多，以免造成渗透性利尿，加重脱水症状。

2 取米汤500毫升加入细盐1.75克。用法用量：按每千克体重20～40毫升，4小时内服完，以后酌情补充。

3 口服补盐液(ORS液)，可在就近药店或医院购买。与前两者自制补液相比，口服补盐液的成分更接近体液，效果更好。轻、中度腹泻患者都可以在家中使用。

小便，竟能尿晕了

天刚亮，睡梦中的张先生被尿憋醒，但他不想离开温暖的被窝，等到实在憋不住时才不情愿地往卫生间赶。不料，刚小便完，他突然一头栽倒在卫生间，神志不清，几分钟后才醒过来。“这已经不是第一次在小便后晕倒了”，张先生忧心忡忡，担心自己患上了严重的疾病。

其实，张先生患的是排尿性晕厥，俗称“晕尿症”。

● 什么是排尿性晕厥

排尿性晕厥，通常表现为在夜间或清晨起床排尿时，出现短暂意识障碍而突然晕倒，天气寒冷或饮酒后易诱发。此种晕厥多发生于20~30岁男性，偶见于老年人，患有肺结核、神经衰弱和气血两虚的患者也易发生。

患者晕厥前，多无不适，晕厥的时间也很短，只持续1~2分钟，之后会自行苏醒，醒后也多无后遗症。但在晕厥发作过程中，患者常因跌倒而致骨折、颅脑损伤等意外。

● 人好好的，怎么会尿晕

有排尿性晕厥的人，往往到医院做脑部CT检查却查不出什么问题。那么，人好好的，上个厕所，为什么会晕呢？

其实，排尿性晕厥主要是脑部缺血引起的。主要原因有：

1. 膀胱中的尿液太多。

经过一整夜的积累，膀胱内已充满了尿液。当膨胀的膀胱迅速排空时，会引起迷走神经过度兴奋，其反射会引起血管扩张、心动过缓。当心脏没有足够的血液供给大脑时，大脑就会出现短暂的缺血、缺氧，进而发生晕厥。

2. 突然用力性排尿。

排尿时屏气，可引起胸腔内压力增高，妨碍静脉血液回流，使心脏输出量减少，导致脑缺血。

3. 站着排尿。

夜间排尿时，由卧位突然转为直立位，还会引起低血压，导致脑供血不足。排尿性晕厥多见于男士，与男同胞们直立位排尿有关。

4. 淋浴排尿。

也有些老年人在淋浴时排尿晕倒，这是因为淋浴时体温升高，血管扩张，排尿使血压下降得快，就可能晕倒。

这里说的是良性昏厥，也有一部分人可能是神经、心源性晕厥。所以，如果多次出现排尿性晕厥，建议到医院神经内科等相关科室做进一步检查。

预防万一 如何避免排尿性晕厥

1.睡前少喝水，有尿意时别憋尿。

2.夜间别站着小便，用坐便器或取蹲位。

3.应先在床边小坐片刻，再去卫生间。

4.别在卫生间摆放尖锐或易碎的物品。

5.卫生间加装扶手既可避免体位性低血压，栽倒时也可供人握扶。

应对万一 排尿时发晕怎么办

排尿时如感觉心慌、头昏、眼花、腿软，应迅速坐下、蹲下，以防跌伤。

家人发现后，应立即对晕厥者采取平卧、头低位，松解其衣领，保持气道通畅，刺激其人中，可促进苏醒。

小便时头晕，迅速蹲下

拉肚子，拉成**宫外孕**

腹泻，大家都司空见惯，但如果孕妇腹泻，就不能等闲视之了。

浙江钱江的姗姗只有16岁，怀孕50多天，却毫不知情。这些天腹泻，以为是吃坏了肚子，扛扛就过去了。不料扛到第三天，身上直冒冷汗、下身出血，差点丢了性命。一查，腹泻背后的"真凶"是宫外孕。

武汉的吴女士孕期拉肚子，也以为只是消化不良，坚持3天不见好转，才到医院做检查，没想到竟也是宫外孕。医生说，如果再晚来一两天，估计会大出血危及生命。

● 什么是宫外孕

正常妊娠时，受精卵会着床于子宫体腔的内膜。而当受精卵于子宫体腔以外着床，便称为异位妊娠，俗称宫外孕。

宫外孕可发生在输卵管、卵巢、腹腔、子宫颈及子宫角。95%的宫外孕发生在输卵管，逐渐长大的受精卵撑破输卵管，造成大出血，若抢救不及时可引起休克，甚至危及生命。

● 宫外孕为什么会腹泻

宫外孕后，病灶一旦破裂，会引起腹腔内出血，大量血液聚积在腹腔中，刺激胃肠道蠕动加快，所以很多时候会出现腹泻症状。

遗憾的是，这种腹泻和肠胃炎造成的腹泻症状相似，不太容易区别。

提醒： 宫外孕常发生在孕早期，故孕早期腹泻若伴有腹痛，且疼痛逐渐加重，或伴有恶心、呕吐、心慌头晕等时，就必须及时到医院进行相关检查。

● 腹泻还可致流产

即便腹泻不是因为宫外孕，也应该引起重视。

首先，腹泻会影响孕母对营养物质的吸收，从而影响胎儿的营养和发育。

其次，腹泻时孕母体内会分泌前列腺素，它刺激子宫收缩，可能导致流产和早产。

如果准妈妈感染严重的细菌性痢疾等，得不到及时治疗，细菌内毒素亦会影响胎儿，引起胎死腹中。

所以，孕期腹泻千万不能大意。

警示万一 宫外孕常发生部位

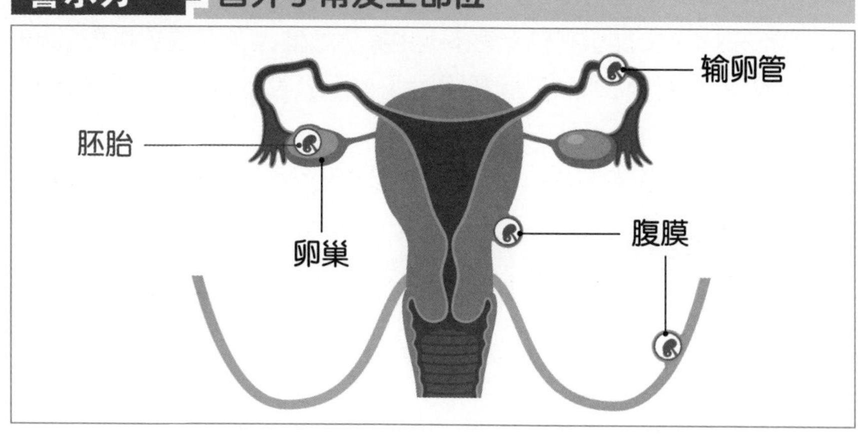

孕妇便秘，**惹不起**

宋女士怀孕 34 周，饭量奇大，常躺在家里不动。这一天，她饭后腹痛难耐，肚子胀得跟小皮鼓似的，才意识到自己已 2 天未排便了。

“莫非要早产了？”宋女士出现宫缩，连忙就医。医生检查发现，她结肠高度扩张，里面充满气体，诊断为“妊娠合并结肠不完全性梗阻”，情况危急。尽管宋女士及时接受了治疗，但婴儿还是早产了！

故事告诉我们一个道理：孕妇便秘可能是凶兆。

孕妇便秘很普遍。因为随着怀孕后体内孕激素水平增高，肠管平滑肌张力会降低，肠蠕动会减慢，加之许多孕妇大量摄入高蛋白食物，又缺乏运动，便秘便找上门来了。

便秘时，粪块堆积在结肠和直肠内，孕妇增大子宫压迫肠管，肠子就有可能发生套叠，即出现肠梗阻。肠梗阻最直接的后果是导致肠坏死。

孕妇子宫表面积大，一旦发生肠梗阻，吸收毒素会更多，病情发展可能更快、更严重，不仅威胁孕妇生命安全，还可导致胎儿早产、胎儿死亡。

由此可见，孕期便秘真的惹不起。

应对万一 孕妇便秘怎么办

1. 出现这些症状要看医生

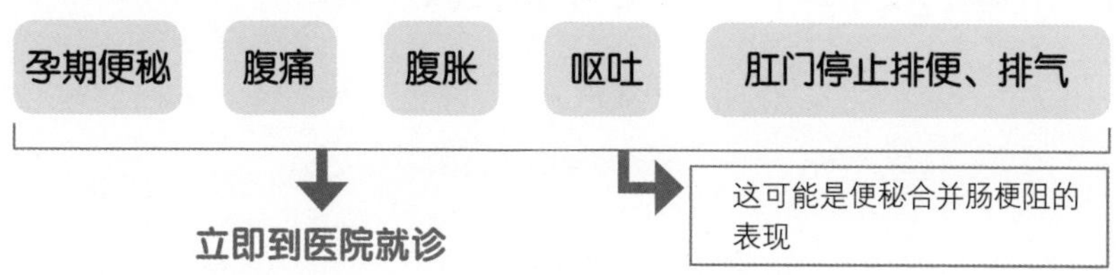

2. 不擅自服用泻药。

泻药可引起流产或早产，服药应该听从医生指导。

3. 经常便秘要这么做：

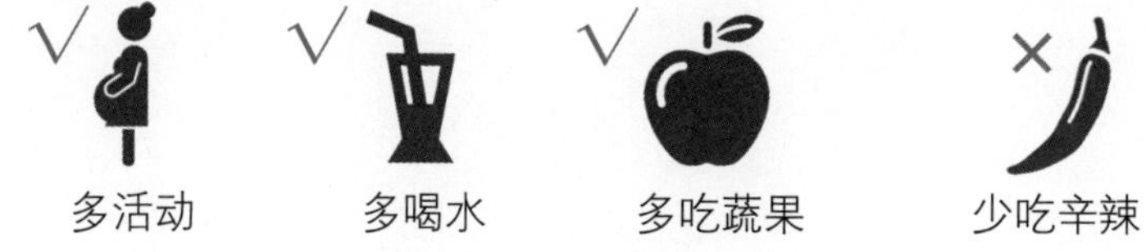

预防万一 孕期这样防便秘

1.怀孕期间一定要注意适当运动，如散步等。
2.多吃易消化、富含纤维的植物性食物，如水果、蔬菜等。
3.少吃动物性食物，尤其不要吃太多含高蛋白且不易消化吸收的食物。
4.不易嚼烂、易形成团块的食物，如糯米、葡萄、香菇、竹笋，及动物筋膜、肌腱等，要尽量少吃。
5.积极防治各种孕期并发症，也能预防食物性肠梗阻。

小儿便便，**咋堵了**

有位年轻妈妈常去药店买开塞露。店员随口问："你家有老人便秘吗？"年轻妈妈显得有些尴尬，紧锁眉头道出真相：用开塞露的竟是她 6 岁的儿子。

开塞露是一种能够润滑肠道、刺激肠道蠕动的排便药。便秘时使用它，能很快见效。但是，它治标不治本，偶尔用能暂时缓解便秘，长期使用反而会形成依赖，加重便秘。

上述妈妈的儿子已对开塞露形成依赖，不用药就不排便，十分可悲。

实际上，孩子便秘多是家长惹的祸。解决孩子的便秘，应当改变养育方式，而不能依赖于药物。

婴幼儿的便秘，表现为排便次数减少，排便费力、疼痛，粪便干、硬、粗、体积大。若只是排便间隔时间长，大便不干、不硬，排便也不费力、不痛苦，就不算便秘，家长不需干预。

应对万一 孩子便秘怎么办

●在饮食上找问题

1. 对于只吃奶粉的宝宝，便秘原因可能是奶粉调配的浓度过浓，或奶粉中蛋白质含量过高，导致大便过于稠硬。家长可调整奶粉的配比水量，或尝试换奶粉的品牌。

2. 如果孩子开始吃辅食了，那么要检验饮食中蛋白质食物比例是否过大，是否较少进食含有碳水化合物的谷类食品。

3. 食物中的膳食纤维不丰富，也会发生便秘。应给孩子多吃薯类、瓜类、菜类、菌类、藻类，以及新鲜水果。

4. 一些孩子便秘，是因为对牛奶、鸡蛋、鱼虾、坚果、芒果等食物不耐受。可以暂停添加这些食物。

5. 补钙过多也会造成便秘。发育正常的宝宝，不需额外补钙。

●养成科学排便习惯

怎样才能顺顺当当地解好大便呢？最好记住以下“科学排便四项原则”。

1. 专心排，别走神。

解大便的过程其实很复杂，参与的肌肉至少有十余对，参与协调的神经也有四五对之多，牵涉的神经细胞就更多了。它们形成一个系统，哪个地方出现微小干扰，都会影响排便的顺利进行。所以，别让孩子解大便时看手机、看书，免得分散了精力。

2. 有便意，别强忍。

便意，是直肠受到肠腔内粪便刺激后，向大脑打的“报告”。如条件允许，有便意，应尽快排便。如果经常抑制便意，这个信号就会弱化、失灵，便秘就可能随之而来。

3. 定时排，别随意。

长期定时排便，省时省力。可以每天在固定时间，让小孩坐在马桶上，每次至少 5 分钟，训练他定时排便的习惯。

4. 别勉强，别嫌弃。

如果没便意，别强行用力排便，因为没便意时努力排便，可能造成肛裂，而肛裂的疼痛又会使孩子惧怕排便，进而出现便秘症状。

莫用“脏”“臭”字眼形容排便，否则孩子可能因难为情而憋着不排。

●巧用药，别滥用

如果上述方法均无法解决孩子的便秘，可以在医生指导下用药。

1. 不严重的便秘：可在肛门电子温度计上涂橄榄油，插入肛门，润滑并刺激肠壁引起排便。

2. 干结硬块的宿便：可以偶尔使用开塞露，它的有效成分是甘油，通过肛门给药。

3. 慢性功能性便秘：可用乳果糖，它是人工合成的双糖，口服剂型。

警示万一

促排便药，切忌滥用，否则，可能痛快一时，辛苦一辈子！

小便疼哭**是何因**

有个小姑娘只有 2 岁，活泼可爱，小脸蛋红通通的，看不出有任何毛病。然而，近 10 天来，她的小便变得十分费劲，要屏气用力才能解出，有时还把她给疼哭了。

她的妈妈发现，姑娘尿流方向不对头。原先蹲着解，尿流是射向前下方，而如今却是朝上，常把裤裆沾湿。无奈之下，只好送女儿到医院看看。

医生为小姑娘做了检查。分开两腿，只见两侧阴唇紧密粘连，尿道口、阴道口均不能暴露。粘连面毛糙、渗血，阴道口充血。

医生问："宝宝是否一向穿开裆裤？" 妈妈回答："是的，为了让她解尿方便。"

医生又问："她经常坐在地上吗？"妈妈说，女儿很喜欢坐在地上，手常摸外阴。前两周还发现外阴有点红肿，分泌物较多，以为多加清洗就会好的，未加注意。

医生诊断，小姑娘患的是外阴炎。此前红肿、分泌物多，是急性期，现已转为慢性，两侧阴唇粘连，导致尿流不能正常排出，引起疼痛；由于阴唇粘连之上端较轻，尿流即由此冲出，射向上方。

妈妈既惊恐又无奈：怎么这么小的孩子会得外阴炎？

事实上，婴幼儿患外阴炎并不少见，主要由于外阴不清洁引起。

光屁股坐在地上，脏手摸外阴，均可使致病菌沾污外阴，引起外阴炎症。

特别是在野外，当蹲在地上小便时，冲击的尿液会将不洁之物溅上外阴，也容易引起外阴炎。

预防万一 预防婴幼儿外阴炎，这几点要做到

1. 应给孩子使用吸水性强、透气性好的尿布，勤换洗，保持卫生。

2. 孩子大便后，谨防粪便无擦净而污染会阴部。

3. 尽早穿合裆裤，减少阴部外露污染的机会。

4. 当发现孩子哭闹不安或以手抓外阴时，应检查其外阴有无充血、水肿、粘连。若有异常情况，应及时就医。

灾难应急指南 ③

PART1 被困电梯怎么办

随着高层建筑的拔地而起，如今电梯的使用已是再普遍不过的事。与此同时，被困电梯的意外也时常发生。万一电梯停电或坠落，如何自救呢？

1. 万一电梯停电：

· 按动电梯内的警铃或者电话按钮，向物业或管理中心的值班人员求救。

· 如果电梯内应急通话失灵，可用手机拨打电梯内张贴的应急服务电话，通知维修人员。

3.如果手机没信号，就拍打电梯门等制造声音，或大叫通知电梯外的人员。尽量镇静，预防缺氧。

2. 这样做，很危险：

・强行扒门，电梯可能突然开动。

・做大幅度的动作，可导致电梯坠落。

・仰卧，可导致呼吸困难。

3. 万一电梯下坠：

・把每一层楼的按键都按下。如果有应急电源，可立即按下，在应急电源启动后，电梯可马上停止下坠。

・将整个背部和头部紧贴轿厢内壁，用电梯壁来保护脊椎。同时下肢呈弯曲状（半蹲），脚尖点地、脚跟提起以减缓冲力。用手抱颈，避免脖子受伤。

PART2 谨防手扶电梯“吃人”

手扶电梯经久不换修，可能夹伤行人。老人、小孩乘扶梯更要当心。

1. “黄色牙齿”，不能踩：

· 手扶梯上有黄色警示线，这条线下边有梳齿板，如果梳齿板掉齿，脚刚好踩到齿间缺口，就有可能被“咬”入扶梯中。

2. 衔接间隙处，别靠近：

· 不要将身体倚靠在扶梯旁侧。

· 脚不要靠近两边的围裙板。

· 梯级接近地面时，下肢要抬高果断迈出，以免鞋底卷进缝隙里。

3. 紧急按钮在哪，要知道：

· 在扶梯的上、中、下部分别有紧急制动按钮，有意外时马上按下。

身体别倚靠在传送带上

脚别靠近围裙板

PART3 火车、地铁遇险，怎样自救

火车、地铁事故不常见，但也时有发生。掌握必要的救助技巧，关键时刻才能减少伤害、化解伤害。

1. 火车相撞时：

座位上的人，要马上抱头屈肘伏在前面座椅的靠垫上，下巴紧贴胸前，前臂贴在脸颊上，以防头部、颈椎受伤。

若时间允许，最好平躺在座椅上，或钻到两个椅子之间的空当处，紧紧抓住座椅的靠背或椅子腿，避免车厢发生倾斜或翻滚时身体受伤。

列车事故中的防冲撞姿势

2. 火车脱轨时：

· 若座位不靠近门窗，应急做法与火车相撞时相同。

· 若座位接近门窗，迅速抓住车厢内的扶手、靠背等坚固物件，使身体保持平衡，最好平躺于地上，面朝下，手抱后颈。

· 如果正在洗手间，应赶紧坐地上，背对火车头的方向，膝盖弯曲，手抱脑后。

在洗手间时的防冲撞姿势

·如果正在走道上，应背对车头方向立即躺下，面部朝地，手抱脑后，脚顶住坚实的东西，膝盖弯曲。

·若车门无法打开，应拿起应急铁锤，打碎窗玻璃逃生。

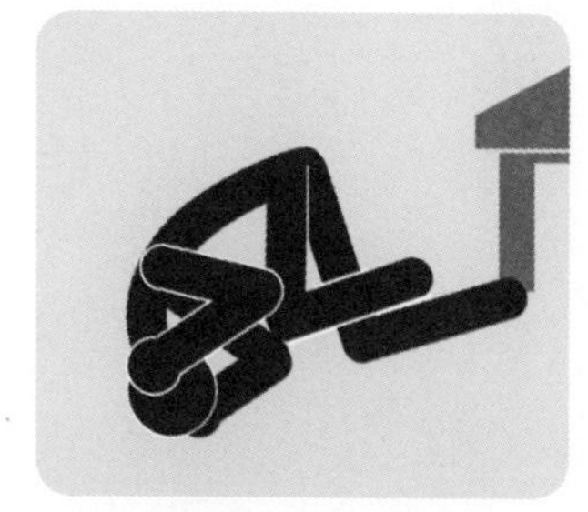

在过道时的防冲撞姿势

3. 地铁着火时：

·保持冷静，立即找到车厢内壁上的红色报警按钮向司机报警。

·车厢座位下有灭火器，可取出灭火。

·若有烟雾，应用润湿的口罩、手帕、毛巾等捂住口鼻。

·若火势蔓延迅速，应尽快往车头和车尾逃生。

·大量乘客向外撤离时，老人、小孩、孕妇应尽量靠边走。

·地铁行进中，不要打开应急逃生门，风可能助长火势。

4. 在地铁事故中，您还应注意：

·尽量保持冷静、安静，以便能够听清任何指令。

·没有指令，千万不要离开地铁。最安全的地方通常是地铁车厢里面。

·没有地铁工作人员或应急人员的指示，千万不要走出地铁车厢，更不能走上轨道。

·即使有工作人员指示，也要小心避开较大的第三轨，它带有危险的高压电。

·列车运行时，只有当乘客被车门夹住，或被车拖着时才能拉下紧急刹车。如果列车运行在两个车站之间时拉下紧急刹车，列车就会停止，所有的医疗救助将都无法抵达。

第四章

睡出来的『万一』

任性睡姿**丢胎儿**

阿莱怀孕 8 个月，一天夜里，她肚痛难耐，连忙到急诊科就诊。医生摸她的肚子时，觉得不对劲，“肚子硬硬的，胎心也听不到”，判断为“胎盘早剥”，立即为她做手术，可惜仍未能将宝宝抢救回来。

阿莱定期做产前检查，也没有受伤，怎么就“胎盘早剥”了呢？

医生分析，排除多种危险因素后，认为阿莱很可能发生了仰卧位低血压综合征。

孕妇妊娠 7 个月后，不宜仰卧。因为仰卧位时，巨大的子宫压迫下腔静脉，会使回心血量及心输出量减少，从而导致低血压，使孕妇出现头晕、心慌、恶心、憋气等症状。低血压导致胎盘血流减少，即可引起胎盘剥离。

孕妇的最佳睡姿是左侧卧，由于左侧有乙状结肠的衬托，能减少侧卧时子宫重心改变而发生旋转。睡眠时，倘若出现低血压症状，应马上采取左侧卧位，可使血压逐渐恢复正常，症状也可随之消失。

预防万一 孕妇睡姿有讲究

1

随意的孕早期（1~3个月）

胎儿仍居于母体盆腔内，外力直接压迫或自身压迫都不会很重，孕妇睡眠姿势可随意，仰卧位、侧卧位均可。

讲究的孕中期（4~7个月）

如果孕妇羊水过多或双胎妊娠，要采取左侧卧位睡姿。

如果感觉下肢沉重，可采取仰卧位，用松软的枕头稍垫高下肢。

严格的孕晚期（8~10个月）

孕妇的卧位对自身与胎儿的安危都很重要。要习惯左侧卧位，改善血液循环，增加对胎儿的供血量，有利于胎儿生长发育。

可借助孕妇枕来避免仰卧位。

婴儿俯睡，**止了气**

初冬，夜深人静，医院急诊室里一位年轻母亲怀抱 4 个多月的婴儿，惊魂未定。大约 2 点，当她醒来准备为孩子换尿布时，发现熟睡中的儿子嘴唇发紫，呼吸困难。

慌忙中，他们抱起孩子，又是拍打，又是呼唤，经过一阵抢救后，婴儿总算缓过气来，赶紧送往医院。

医生追问下得知，孩子睡觉时呈俯卧状态。婴儿趴着睡，容易引发婴儿猝死综合征（SIDS）！

婴儿猝死综合征是指婴儿在毫无征兆的前提下突然死亡，常发生在婴儿睡眠期间。多见于 4 个月以下的婴儿，常见于秋季、冬季和早春时分。

从国外的相关资料看，美国 11 个州 3 年间发生的婴儿猝死案例中，有 20% 是趴着睡而导致的。

相对于仰睡，婴幼儿趴着睡觉时，通常睡眠较沉。

出生三四个月的小婴儿已学会翻身，但由于本身肌肉力量不足，尤其是控制头部转动的颈部肌肉较弱，趴着睡时，一旦口鼻被外物掩盖，不容易靠自己的力量把脸移开。

而只要两三分钟的呼吸困难，幼儿全身就会瘫软无力，进而呼吸停止、死亡。即使有短暂微弱的呼吸，大人亦难以及时发觉。

预防万一 宝宝如何睡得安

1 婴幼儿每天睡觉的时间很长，为降低婴儿猝死综合征的风险，应尽量使孩子仰卧睡觉。当然，不一定要经常帮孩子翻身成仰卧睡眠，但一定要给孩子留出足够移动的空间。

2 不要给婴儿使用太柔软的床上用品，也别给婴儿盖太厚重的被子，以免埋住婴儿的脸，影响口鼻通气。

3 婴儿不可以睡在枕头、棉被、羊皮垫或者其他柔软的表面上，以减少宝宝窒息或过热的危险。

4 婴儿独睡可降低猝死风险，原因在于当婴儿与父母同睡一张床时，婴儿的移动空间有限，会增加堵塞呼吸道的风险。

酒醉，不能这么睡

40 多岁的小李是京城有名的亿万富翁，平日应酬多，经常喝醉酒。一次酒后，他竟昏睡不起，被送到急诊室时，甚至出现了心跳、呼吸骤停。

小李身体状况好，酒量不错，酒本身也没问题，怎么会出意外呢？医生发现，主要问题出在睡姿上。

常言道："酒嘛，水嘛，喝嘛，醉嘛，睡嘛。"醉了，睡睡就好！但酒后睡姿不当，真的会出意外。

● 仰卧睡姿，错！

醉酒者常呕吐，但酒后人神志不清，咽反射及吞咽动作较为迟钝，此时如果仰卧，呕吐物可能会难以吐出来，还可能反流回到气管中，使醉酒者发生误吸。

误吸呕吐物，轻者会发生吸入性肺炎，重者可如小李一样，因较大量呕吐物堵塞气管，导致窒息发生，危及生命。

● 俯卧睡姿，错！

深度醉酒者的呼吸中枢受到抑制，呼吸比较微弱，俯卧时，人口鼻朝下，易埋入被褥或软枕中，导致口鼻呼吸不畅。加之胸腹部受压，呼吸会进一步受到抑制。而醉酒者的全身肌肉松弛瘫软，难以有足够的支撑力来变换睡姿。

以上诸多因素，可引起吸入空气不足，加重醉酒后的昏迷。

● 坐位睡姿，错！

人深度醉酒时，心血管反射调节能力会相应减弱，加上呕吐、出汗会使机体丢失大量水分，此时血管内的血容量会相对不足，易出现低血压、休克。

血压低时，坐位不利于脑部的血液供应；坐位也不利于下半身的血液回流，会使心、脑、肾等重要生命器官缺血。

醉酒者，应当侧卧。当家里有人喝醉时，不能随便让他一躺，就撒手不管。应从以下几个方面，预防酒后危症——

预防万一 酒醉后应该这么睡

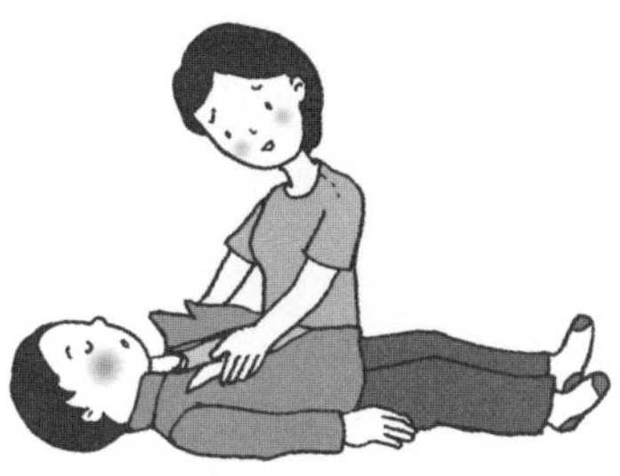

1. 宽衣解带，侧头后仰。

解开醉酒者的领带、衣扣等；抬起其下颌，使头偏向一侧并稍后仰，以保持呼吸道通畅。

2. 侧身而卧，枕头抵背。

让醉酒者采取侧卧位，并在其背后加个枕头或阻挡物，避免睡眠过程中翻身成仰卧位。

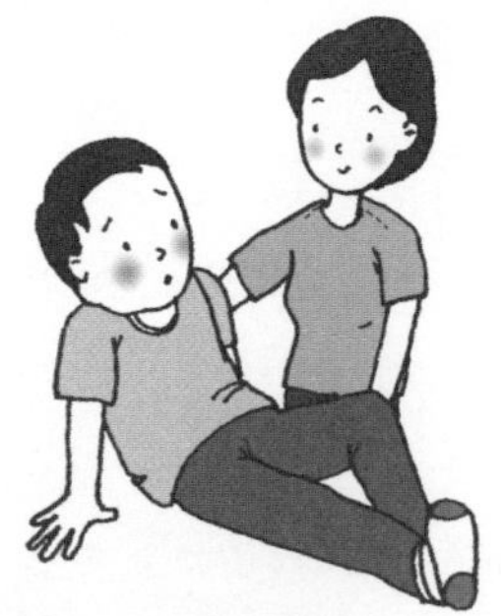

3. 留心观察，直至清醒。

家人应每隔一会儿去看看醉酒者有无异常表现，直到他完全清醒过来。

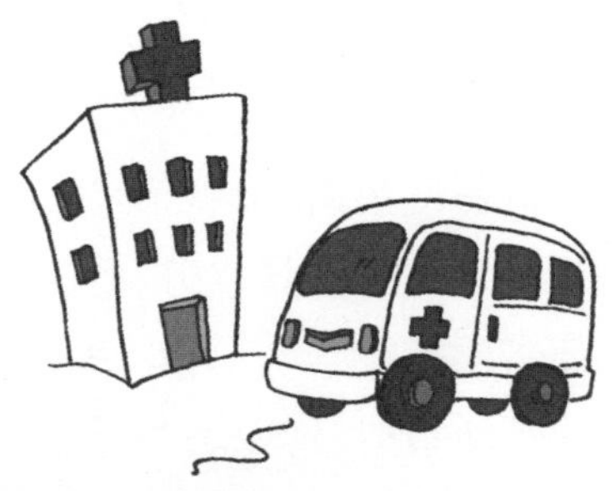

4. 昏迷窒息，送院救治。

一旦发现醉酒者出现昏迷、窒息等危险状况，应及时送其到最近的医院救治。

半夜大火，**如何逃**

小伙子睡前在床上抽烟,困意来袭,未来得及掐灭烟头便睡着了。待到半夜醒来时,他发现,烟头已将被褥点燃,满屋子都是烈火和浓烟。他一时间乱了方寸,不顾一切打开窗户,从 7 楼纵身跳下。结果因伤势过重,当场死亡。

火灾发生时仓皇逃生,是人的本能反应。但盲目逃生,只会像故事中的小伙子一样,将自己置于危险境地。

那么,火灾发生,如何自救?

● 第一步:拨打火警电话

发现家中大火,应立即拨打火警电话 “119”,并告诉消防人员火灾发生的准确地址,讲清报警人的姓名、电话号码等。

● 第二步：做自我保护，尽快逃生

戴：火灾会产生高温及烟雾，佩戴防护目镜甚为重要，可避免烧灼及刺激性气体对眼睛的伤害。

捂：用湿口罩、湿毛巾等物品捂住口鼻，防止有毒气体吸入导致肺部损伤。可将棉质毛巾彻底浸湿，拧至半干，折叠 4~8 层，捂住口鼻，可有效过滤 75%~95% 的毒气。

憋：在通过浓烈火焰区时，暂时屏住呼吸。可利用空瓶保存氧气，屏气至无法忍受时，对准瓶口吸一口，再立即拧紧瓶盖；或用大号塑料袋兜入空气，罩住头，以供给逃生需要的空气。

裹：如条件允许，可向头部、身上浇凉水，用浸水的衣被、毛毯等包裹身体，防止“引火烧身”，争取更多逃生时间。

伏：由于热空气的上升作用，大量有毒气体将漂浮在上层，贴近地面的空气相对更适宜呼吸，故逃生时应采取低姿。高楼火灾，沿“安全通道”向下逃离为妥。千万不要使用电梯逃生。

火灾发生时，捂住口鼻，伏低身子往安全出口逃生

躲：若大火发生在门外，开门逃生前，一定要先用手触摸门把或门板，如十分烫手，说明屋外的火势已挡了通道，千万别开门。尽可能在门板上泼水，用湿毛巾、湿棉被塞住门缝。

若房内有洗手间，应选取洗手间为躲避空间。紧闭洗手间门，用浸湿的棉被、毛巾等封堵空隙，防止烟火窜入，并不断浇水。

同时，白天可以向窗外晃动鲜艳衣物，夜间可用手电筒或打火机制造光源，或向窗外掷不易伤人的物品，如衣服，或敲击面盆、锅、碗等，以引起救援人员注意。

预防万一 家庭防火自查

1. 你为每个房间都计划好了逃生路线吗？
2. 每个家庭成员都清楚火灾时要第一时间撤离火场，并不再返回吗？
3. 每个家庭成员都知道如何正确、快速地拨打119火警电话吗？
4. 能禁止卧床吸烟或保证睡觉前熄灭所有烟头吗？
5. 移动式加热器与人、窗帘、家具保持足够距离了吗？
6. 当炉灶有火时，总有大人留在厨房吗？
7. 电视机通风情况良好吗？
8. 能保证火炉、取暖器、加热器旁没有垃圾、废物吗？
9. 家中备有灭火器吗？家庭成员都会使用吗？
10. 已养成出门前关闭电源、气源的习惯吗？

手置胸前**惹梦魇**

很多人有梦魇的经历：梦见鬼怪扑在自己身上，想挣扎，手脚却无法动弹；想喊叫，却一点声音也喊不出来。有些孕妇，甚至把这当作凶兆，担心起肚子里的宝宝。

噩梦的发生，可能源于外在的生理刺激，也可能源于内在的心理创伤。

从外在看，很多时候，把手放在胸前、胸前抱东西、盖太厚的被子、趴着睡等，都是诱因。

因为人在睡眠时，心和肺的活动能力相对减弱，当嘴和鼻孔被被子挡住或胸部受到压迫时，心脏活动容易受到阻碍，出现呼吸困难。

这种来自外部的刺激很快传到大脑皮层，引起不正确的反应，于是，噩梦就产生了。

由于大脑指挥手脚肌肉运动、发声的部位处于抑制状态，所以梦里想挣扎，却动弹不得，呼喊不得，使人内心紧张、恐惧。

做噩梦对身体有害吗？有时候是有的。往严重里说，既往有原发疾病如冠心病者，会因噩梦降临造成过度紧张而引发室颤危及生命。

鼾症（睡眠呼吸暂停综合征）患者更要特别避免将手臂放置胸前，手臂压迫胸壁，影响胸壁活动，可引发心脏骤停。

所以，切记睡眠时应避免胸部压迫，方可预防“魔爪抓心”。

打鼾不是**睡得香**

曾有一位军队首长住院，准备第二天做胃肠镜检查。可没想到，第二天清晨，他的心跳和呼吸都停了。

首长个矮，肥胖，颈短，这类体型的人易患睡眠呼吸暂停综合征。医生问他夫人："首长以往睡觉好吗？"她说："太好了，他睡觉跟打雷一样，我们都得隔得远远的。"然而医生却说，首长之死，很可能正是打鼾所害。

打鼾真的代表睡得熟、睡得香？不。事实上，鼾声如雷是危险睡眠的警报。这种"恶性打鼾"又称睡眠呼吸暂停综合征，得治！

打鼾者的气道通常较窄，睡眠时肌肉松弛，上气道会往下塌陷，当气流通过狭窄部位产生涡流并引起振动，鼾声就出现了。

在 7 小时的睡眠中，呼吸暂停 30 次以上，每次暂停 10 秒以上，即为睡眠呼吸暂停综合征。

此病症会将患者带入“死亡循环”，即睡眠→呼吸暂停→憋醒→呼吸恢复→睡眠恢复→呼吸暂停……每一次呼吸暂停，患者都可能因未能清醒而窒息。

每年，因睡眠呼吸障碍造成的猝死占意外死亡人群的 20%。

预防万一 睡眠呼吸暂停综合征有何表现

睡眠时打呼噜(即打鼾)、呼吸暂停被憋醒。

出现夜晚胸闷及恐怖感。

醒后感觉头昏、头痛、咽干。

白天嗜睡及疲劳乏力。

精神抑郁、反应迟钝、注意力难以集中。

有高血压、易怒等慢性心脑血管缺氧症状。

应对万一 睡眠呼吸暂停综合征，怎么治

1. 该病目前没有特效药物根治。

2. 日常生活中，要适当运动，控制饮食和体重，戒烟限酒。白天避免过度劳累，夜晚睡觉时，应采取侧卧位，保持鼻部通畅。

3. 发现睡眠呼吸暂停，应及时到医院睡眠中心就诊。可以通过呼吸机、手术等方式进行治疗。

过度镇静抑呼吸

有一个老人睡眠不好，女儿孝顺，拿一粒“安定”（催眠药）给老人吃。当晚，老人确实睡着了，却再也没醒来。

催眠药是一种镇静剂，有呼吸抑制作用，一部分老年人本身就有呼吸道疾病，服药后多种因素相互影响，最终导致大脑缺氧。

老人肝肾功能衰退，会影响药物的代谢，服用安眠药后，药效持续的时间较长，加上老年人对药物敏感性高，同样的药，年轻人吃两片都没问题，老年人可能吃半片就出事。

老年人万一失眠，首先不要紧张，其次要查明原因，想使用安眠药，必须取得医生的指导。

老年人记性不好，服什么药，什么时候服用要听清楚。吃错药或者多吃药对老年人来说都是很危险的，所以服药时最好别人代为照顾，以免搞错。

保持生活规律性，有时比服用安眠药更为有效。

预防万一 这样做，能睡得香

◆睡眠环境

1.光线不要太亮，15~24摄氏度的室温最宜睡眠。

2.睡前开窗通风，使空气清新。

◆卧具选择

1.老年人易患骨关节疾病，床褥宜柔软、平坦、厚薄适中。

2.被子、床单、枕头均须整洁、舒适。

◆注意睡姿

1.以右侧卧为主，适当垫高枕位。

2.四肢有痛处者，应避免压迫痛处而卧。

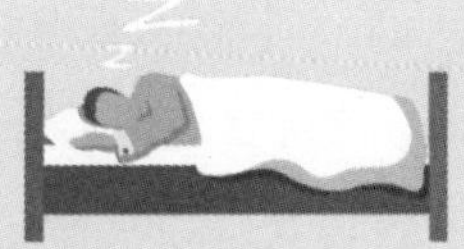

◆睡前行为

1.睡前半小时最好不要进食，以免增加胃肠的负担。腹部胀满、胸部受压，易引起多梦、梦话、梦魇，应尽量避免。

2.睡前少饮水，解小便后再上床，避免增加起夜次数。

垫高双脚**引伤心**

听说睡觉时抬高双脚,能缓解下肢静脉曲张,还能促进大脑供血,能降压!于是,李大爷每晚临睡前,都会在脚下垫个枕头。可没过几天,他就觉得心脏不适。

垫脚睡觉的习惯,很多人都有,为何李大爷会出现心脏不适呢?

问题就在于,李大爷本来就有心功能不全。当脚垫高后,血管中的血液会快速、大量地回流到心脏,心脏容量负荷过重,就有可能罢工。

所以说,垫脚睡觉并非人人适合,特别是心功能不全与急性左心衰患者,更要避免。

应对万一 很多时候,姿势决定命运

疾患	正确姿势	作用
昏迷	平卧、头转向一侧	防喉部分泌物或胃内容物返流气管引起窒息
休克	双下肢抬高 15~20 度	增加回心血量,保证重要脏器灌注
大咯血	头低倾斜位	防止咯血不畅堵塞气道而窒息
脑出血	头高脚低、仰卧位	减少头部血流量,降低颅内压力
脑缺血	去枕平卧、四肢略抬高	让四肢的血液流向脑部增加脑血流量
胸腔积液	患侧卧位	使健侧肺发挥良好代偿功能
应激性溃疡	左侧卧位	减少消化液返流,保护胃黏膜,利于溃疡愈合
急性胆囊炎	双膝屈平卧位	减轻腹部紧张度,缓解疼痛,防止穿孔
急性腹膜炎	半卧位	减缓腹压利于呼吸,使炎症局限不易扩散
急性左心衰	坐位或半坐位、两腿下垂	减少回心血量,降低心脏负荷

灾难应急指南④

PART1 突遇雷暴雨怎样逃生

天有不测风云，如遭遇雷雨暴雨，不要抱侥幸心理，应第一时间逃生。

1. 如果您正徒步行走：

· 应警惕，水流之下有无被水冲开的下水井盖，路面有无因浸泡而下陷的水坑。

· 尽量避开灯杆、电线杆、变压器以及树木等可能带电的物体，以防触电。

· 遇到电闪雷鸣，应远离开阔场地、大型广告牌和天线铁塔。

· 如有严重暴雨，立即躲避到坚固的设施下，不要在树下、塔檐下躲避和拨打手机。

· 如遇水灾，要立即寻找高地躲避。

2. 如果您正在屋内：

· 避免接触金属、电器设备、电话、浴缸、水龙头和洗涤槽，因为闪电可以通过电线和管道传导。开电视也要小心。

3. 如果您正在开车：

· 要收听交通台的路况信息，熟悉行车路线，前方路况未知不能贸然前行。

· 遇到低洼积水路面，不能侥幸冲过积水，应与前方车辆保持距离，观察情况，确保安全后，再继续行驶。

· 一旦车辆误入深水区域，无法继续行驶，应抓紧时间脱离车辆，勿因贪恋财物而失去求生机会。

PART2 风暴来袭怎么办

风暴来临，躲为上计，除此以外，防护措施也要做好。

1. 躲避时要注意：

· 关紧或钉死窗户。

· 固定好户外物品，如阳台、院子里的家具、垃圾桶等，以免被风吹走造成损失或伤害。

· 远离倒下的电线。

· 在非常严重的情况下，考虑关闭电源和煤气，以免危及您的家用设备。

· 有时候您会被要求撤离，应积极配合，保障生命安全。

2. 出现龙卷风时：

· 躲入地下室或居住地的最低点。

· 如找不到躲避处，可躲入沟渠或其他凹地。

PART3 地震来了躲哪儿

地震来临，慌乱之下，要找对躲避之地。

1. 避震应选择的地方：

· 室内结实、能掩护身体的物体下面（旁边）。

· 易于形成三角空间的地方。

· 空间小、有支撑的地方。

· 室外开阔、安全的地方。

2. 身体应采取的姿势：

· 蹲下或坐下，尽量蜷曲身体，降低身体重心。

· 抓住桌脚等牢固的物体。

· 保护头颅，掩住口鼻。

· 避开人流，不要乱挤乱拥，不要随便点灯火，因为空气中可能有易燃、易爆气体。

3. 如果您在室内：

· 床沿下、坚固家具下、内墙墙根、墙角等地方相对安全，适合躲避。

· 随手抓一个枕头或靠垫护住头部在安全角落躲避。

· 不要靠近窗边或到阳台去，更不能跳楼。

· 切勿使用电梯逃生。

4. 如果您在户外：

· 就地选择开阔地蹲下。

· 不要在山脚下、陡崖边停留。

· 不要在河边、湖边、水库边，以防堤岸坍塌而落水。

· 避开高大建筑物，特别是有玻璃幕墙的建筑。

· 远离过街天桥、立交桥、烟囱、水塔。

· 避开危险物、高耸或悬挂物，如变压器、电线杆、路灯、广告牌、吊车等。

5. 如果您在车内：

· 在确保安全的情况下，尽快靠边停车，留在车内。

· 不要把车停在建筑物下、大树旁、立交桥或者电线电缆下。

· 不要试图穿越已经损坏的桥梁。地震停止后小心前进，注意道路和桥梁的损坏情况。

6. 如果您被困在废墟下：

· 用布或衣服遮住口、鼻。

· 尽量不要移动，以免扬起尘埃，吸入尘埃非常有害。

· 如有可能，打开手电筒，观察周围，不要使用火柴及打火机。

· 敲击管道或墙壁以便让救援人员发现你。可能的话，请使用哨子。

· 在其他方式不奏效的情况下再选择呼喊——因为喊叫可能使你的体力透支，吸入过量尘埃。

地震自救口诀	（二） 颈椎摆动损伤易， 抬颌后仰莫随意， 双手护颈两侧翼， 生命中枢要留意。	（四） 腹腔肠道溢出来， 切忌将其填回来， 碗盆罩住扣起来， 腹膜炎症不早来。
（一） 颅骨裂缝脑液流， 耳鼻漏出勿阻留， 头部略高禁倒流， 阻断感染生命留。	（三） 胸廓刺进锐器物， 急切拔出大错误， 双手稳固插入物， 避免气胸不耽误。	（五） 肢体骨折不盲目， 两根木条来捆住， 远端指趾不麻木， 血管神经保护住。

第五章

行出来的『万一』

警惕围巾“夺命”

冬天，围巾是许多孩子出门时的保暖神器。但如果孩子坐在自行车后座，不慎将围巾卷入车轮，那可就是要命的事！

这样的围巾“咬人”事件时有发生。河北邯郸市街头就上演了这惊险的一幕。

2014 年 12 月 2 日，10 岁的女孩小青坐在妈妈的电瓶车上，高高兴兴地去上学。路上风大，小青脖子上的围巾比较长，风一吹，就飘起来，卷进了车轮里。随着车轮的转动，很快，围巾就将小青的脖子紧紧勒住。

骑车的妈妈一开始并无觉察，直到听见身后的小青吃力地喊着“妈妈、妈妈……”她才急忙停车回头，而此时，小青在围巾的拉扯之下，已被狠狠地摔到地上，呼吸困难。

小青被紧急送往医院，医生检查后告知：围巾严重勒伤小青的脖子，已造成其颈4、5椎体完全脱位，这意味着，小小年纪的她很可能会高位截瘫。

无独有偶。几年前，也是一个读小学的女孩，每天下午放学后，祖母都会骑着三轮车载她回家。可这一天，女孩脖子上所系的长纱巾不慎绞入轮胎之中。因颈部受勒，女孩当场窒息昏迷。

此时，祖母愈发觉得踏车吃力，回头一看，见孙女面部青紫、不省人事，孩子脖子上系着的围巾一端已紧紧地卷进车轴中。老人惊吓过度，顿时血压骤升，也晕倒在地。

在这危急情形下，多亏有两位好心路人用水果刀将女孩脖子上的丝巾割开，并及时将两人送到医院救治。经过急诊室连续几昼夜抢救，方使女孩转危为安。

围巾勒颈时，喉部、气管被勒紧，会阻断人体的呼吸道，使空气不能进入肺内而导致窒息；同时因颈部大血管被压迫，阻断颅内供血，大脑与延髓缺血（氧），如不立即解除紧勒伤害并及时施以救治，可快速导致死亡。

在这里提醒大家：围巾夺命的事故，虽是偶然，但为各位家长和孩子敲响了警钟。骑车时，尽量不要戴过长的围巾。如果围巾较长，应进行有效固定，以防意外。

非骑车时间也要警惕。以往有的孩子在野外爬树玩耍，不慎跌落时，他们所佩戴的丝巾、红领巾等颈部饰物，刚好悬挂在树杈上，最终因勒脖而导致窒息。这样的悲剧，更是发人深省！

预防万一 戴围巾时要注意什么

长度 围巾佩戴后，长度应保持在腰部以上。

乘车 乘坐自行车、电动车、三轮车时，若围巾太长，要将两端塞进衣服或进行固定。

地点 在电梯门口、地铁门口、公交车门口，要当心围巾被门夹住。

玩耍 孩子滑滑梯时、乘坐手扶电梯时，也要固定好围巾，否则容易发生勒脖危险。

打结 系围巾时不要打死结，否则一旦出现危险很难解开。

捂嘴 不要把围巾当口罩用，由于捂嘴的部位经常处于潮湿状态，致病的微生物、细菌和尘埃容易积聚在围巾上，引起呼吸道疾病。

应对万一 围巾勒脖引发窒息，如何急救

1. 划破围巾或迅速解开围巾。
2. 同时拨打急救电话。
3. 对患者进行心肺复苏。

蒙眼游戏，**小心要命**

开学第一天，女孩小丽迈进校门，神采飞扬地往新教室走去。忽然，一双手从身后紧紧蒙住了她的双眼。

“猜猜我是谁？”身后的人喜滋滋地说。原来，是许久未见的小伙伴在逗她玩！小丽没有吭声，不一会儿却瘫坐在了地上。

小伙伴满心以为小丽是故意的，于是双手依然死死地捂着她的眼睛，等缓过神来时，小丽已经没有了呼吸……

蒙眼猜人的游戏，神秘而有趣，相信许多人小时候玩过。但不能否认，正是这看似毫无威胁性的小动作，差点让小丽丢了性命。

蒙眼危险在哪？

首先，我们要了解到，人体眼睛虽小，其内部及周围却有丰富的神经，敏感性高。当眼肌受到牵拉，或眼球敏感部位受到压迫时，眼内的感觉神经末梢会将信息传送给头面部的三叉神经，经三叉神经又传入中枢延髓迷走神经核，再通过迷走神经传至心脏。迷走神经兴奋，则心跳减慢、房室传导减慢，人体则可能出现胸闷不适等症状。

这种当牵拉眼肌或压迫眼球时，人体出现心跳减慢、心律失常，并伴有胸闷不适等症状的现象，叫作“眼心反射”。

出现眼心反射者，往往面色苍白、口唇青紫、全身湿冷；同时，呼吸减慢、呼吸幅度增大、吸气延长；胃肠功能亢进，继而出现恶心、呕吐。严重的眼心反射，让迷走神经张力显著增高，人就容易晕厥，甚至出现心脏骤停。

由此可见，蒙眼时如果压迫眼球，引起眼心反射，其危害可谓“牵一发而动全身”。

当然，蒙眼要命是小概率事件。生活中，眼心反射在眼科手术和眼科检查中比较多发。为保险起见，做眼科手术前，患者一般要进行眼球压迫试验。

还有研究显示，眼心反射的发生与年龄有关，儿童迷走神经兴奋性较高，年龄越小发病率越高。所以，小孩子蒙眼更要小心，特别是在玩击鼓传花等需要蒙眼的游戏时，布带切勿捆绑过紧，以防发生眼心反射。

应对万一 出现眼心反射怎么办？

必须视情况轻重予以处理。判断严重程度，最简易的方法是触摸颈动脉的搏动，搏动次数即为心率。

◆轻度：心率在 60 次 / 分以上

一般无明显不适症状，可行密切观察，不予特殊处理。

◆中度：心率在 40~60 次 / 分

有不适症状，在停止压迫后密切观察血压和脉搏是否自行恢复正常，如 5 分钟内不恢复，应静脉滴注阿托品以纠正。

◆重度：心率在 40 次 / 分以下

有严重不适表现，应予阿托品静脉注射或肾上腺素皮下注射，并给予吸氧。

◆心搏骤停：应立即进行紧急抢救

施以胸外按压和人工呼吸，肾上腺素静脉注射以刺激心脏活动，阿托品静脉注射阻断迷走神经兴奋，必要时重复使用。

儿童乘车，**这些意外要防**

2015年大年初六，温州高速公路上，一辆红色轿车正面撞向高速公路的护栏，导致坐在副驾驶位的3岁女孩肺部出血，颅脑骨折。

相似的悲剧还有很多。随着汽车在我国的普及，儿童乘车安全问题日益凸显。

儿童处于生长发育期，生理机能尚未完善，当危险出现时，他们的识别应变能力差，故乘车过程中很容易受到意外伤害。

在此提醒家长，儿童乘车时，应为其做好安全防护措施，否则危险就在旦夕间。

●意外一：紧急刹车，惯性伤害

与成人相比，儿童头部的比例大，致使颈部受力更大。当遇有急刹车时，儿童颈部极易受到过大的惯性冲力，造成伤害。

【建议】自驾车时，为孩子准备儿童专用的安全座椅，安装于后座，并系好安全带。

●意外二：气囊弹出，冲击伤害

汽车前排的安全气囊，对儿童来说非常危险。因为儿童的肌肉骨骼较成年人脆弱得多，气囊张开时的冲击力，足可导致儿童胸部肋骨骨折等险情的发生。

【建议】儿童乘车不宜坐副驾驶位。

●意外三：成人怀抱，挤压伤害

多数家长习惯抱着儿童乘车，殊不知，一个孩子在高速撞击事故当中，产生的冲力相当于一头大象的重量。此种情况下，家长非但不能做出反应保护好孩子，反倒可能对孩子产生挤压，严重者可致孩子内脏出血。

【建议】不要抱着孩子乘车。

●意外四：车门误开，致命伤害

儿童天性活泼好动，自我保护意识差，在汽车急速行驶过程中，如果孩子误开了车门，会被抛出车外，险象环生。

【建议】注意锁好儿童锁，避免意外发生。

●意外五：误吸零食，窒息伤害

当车子行经不平的路段或紧急制动时，零食可能误吸入气道，引发气道梗阻窒息。

【建议】在车上，不要提供孩子果冻、糖果、小饼干等颗粒状食物。如孩子误吸引发窒息，要立即用海姆里克法进行急救。

●意外六：肢体外移，刮碰伤害

孩子自制力和控制力较差，当车窗开启时，不自觉将肢体伸出车外，易被路边树木、栅栏刮碰，甚至可能遭遇后方超车刮碰。

【建议】不要随意开启车窗锁，尽量别让孩子坐在靠窗位置。

●意外七：关启门窗，夹击伤害

对于身单力薄的孩子来说，车门开启时如果推不到定位，微微回弹的力很容易夹伤他们的手指。

【建议】不要让孩子来开车门窗。

●意外八：坚硬物品，戳刺伤害

车内不宜放置或悬挂坚硬锐利物品，孩子手中更不能拿握尖锐器物，如棒棒糖、玩具枪刀等。一旦遇到急刹车或突然加速时，这些器物会戳伤孩子，尤其是其颜面部。

【建议】在车内只给孩子提供毛绒类玩具。

●意外九：成人系带，勒割伤害

由于儿童身高还不够高，如直接使用成人适用的安全带，可能会使安全带越过儿童的脖子，造成勒伤或割伤。

【建议】后座添置儿童专用的安全增高坐垫，这样，孩子坐在专用座垫上，再系成人安全带就比较合适了。

●意外十：空调废气，中毒伤害

长时间开启空调会导致车内外空气不能对流，可使发动机排出的一氧化碳聚集于车内。儿童在车内休息、睡眠时极易发生一氧化碳中毒。

【建议】孩子有精神不振、恶心、呕吐等症状，要首先考虑一氧化碳中毒，立即开窗。

孩子哭晕**勿惊慌**

玲玲 2 岁多,平时由奶奶带,因被过分溺爱,脾气见长。妈妈决定给她“做规矩”。于是,有天玲玲发脾气而号啕大哭时,妈妈故意把她扔在一边,不加理睬。

过一会儿,哭声停止,妈妈暗喜。凑近一看,却发现孩子双眼紧闭、手脚颤抖、呼吸急促,似乎快要憋过气去。

妈妈手足无措,连忙把她送往医院。医生说,玲玲由于精神紧张,加之长时间哭泣,出现了过度换气综合征。

过度换气综合征其实是人体内酸碱失衡的一种表现。

当哭泣、抽泣时,孩子精神紧张、情绪激动,呼吸频率会加快,导致二氧化碳(属酸性物质)呼出增多,引起体内酸碱度平衡失调,出现碱中毒。

呼吸性碱中毒,又可使身体各个系统功能紊乱,使大脑血管发生痉挛,脑血流减少,从而使人出现晕厥等症状。

预防万一 快速识别过度换气综合征

1. 家长不宠溺孩子是好,但孩子哭闹时,还是得留点心。

2. 如果孩子哭泣时手足颤抖、面色苍白、呼吸急促、双眼牙关紧闭，或自诉胸闷憋气，就要意识到过度换气综合征的可能。

3. 孩子过分紧张、压力过重时，易出现此征，生活中家长应改变孩子的心理状态，避免再出现“哭晕”情况。

4. 过度换气综合征可能发生在成人身上。一些年轻女性因情绪紧张突然感到胸闷、气短，也是此征的表现。

应对万一 孩子哭晕如何急救

1. 别惊慌失措，应让孩子躺下平卧，安静休息。用言语给他安慰，耐心劝导，帮助他从悲伤情绪中摆脱出来。

2. 帮助他调整呼吸节奏，或用硬纸做成喇叭状，罩在他的口鼻部，使呼出的二氧化碳部分回吸，以改善碱中毒现象。

这种情况多数在 1~2 小时后即可缓解，不会留下任何后遗症。

◆两招赶走过度换气综合征

第一招：
用腹式呼吸，放慢呼吸。

第二招：
用面罩、袋子，或用硬纸做成喇叭状罩在口鼻部，回吸二氧化碳。

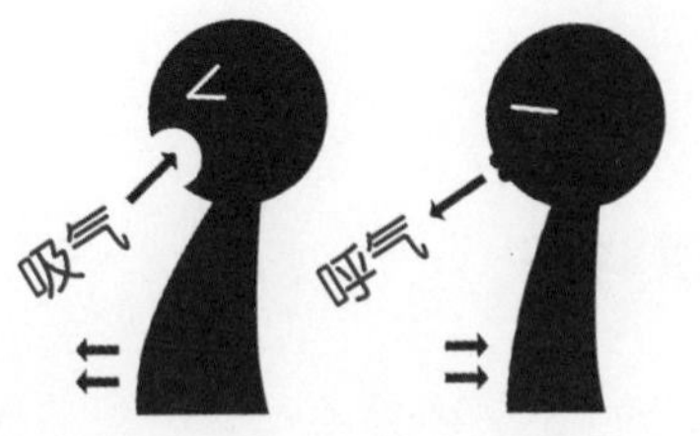

小孩学舞，**竟致截瘫**

下腰，舞蹈的基本功。小朋友表演下腰，能获称赞，却很少人知道它存巨大隐患——

小坤 8 岁，美丽可爱，可是她的双下肢完全失去知觉，不能走，不能坐，只能躺着。

当女孩母亲说出女孩瘫痪的缘由时，人们大吃一惊：她竟是在舞蹈课上练习下腰时不慎摔倒，伤到了脊髓。

跳舞有很多好处，能塑造身形、培养气质，所以现在很多家长会送小朋友去学跳舞。但从小坤的不幸中我们应看到，跳舞也有风险。孩子跳舞，应当在专业老师的指导和保护下进行，家长还应教会孩子自我保护的方法，以防止意外伤害发生。

预防万一 孩子学跳舞，这些话要告诉他

跳舞前先热身

跳舞前一定要做好热身运动。热身能提高身体的温度，使肌肉更松弛，关节更灵活，防止运动过程中肌肉损伤或骨折。特别是年龄比较小的孩子，运动前在一定要热身。

下腰时，如果腰部肌肉、关节韧带和膝盖半月板还处于较僵硬状态，就有可能引起急性腰肌劳损，继而出现摔倒等意外。

别急于求成

人的身体有极限，无论成年人还是儿童，运动应该量力而行，要在身体负荷范围之内循序渐进，确保安全。当挑战较专业或较有难度动作的能力时，也应在专业老师的指导下练习。

不要攀比

儿童攀比的心理，一点都不比大人少，甚至可能比成人更强烈。学技能、玩游戏时，他们总想比比“谁厉害”。获胜心太强，有可能会盲目挑战高难度动作，给自己造成伤害。

一些家长常这样鼓励自己的孩子：“你看那个小朋友都做到了，你也能行。”在孩子尚不懂得保护自己时，一味鼓励其勇于挑战，也有可能促成伤害。

疼痛难忍要说出口

学舞之人，想跳好舞，就必须咬紧牙关，忍受疼痛。但是，如果孩子感觉疼痛达到不能忍受的地步，一定要告诉老师，要学会说“我不能”。

一个拳头**碎了心**

工地上，两个男青年因口角动起了拳头。只见甲往乙左胸猛击一拳，乙的身体晃了几下，便倒在地上，呼吸、心跳都停止了。事后经法医鉴定，乙无外伤，未发现心脏异常，也无心脏疾患。

一个普通家庭里，父亲教训 11 岁不听话的儿子，往他胸口打了两下，儿子当场离奇猝死。

真相惊心。经诊断，上述两个遇难者都死于心脏震击猝死综合征。也就是说，一次胸击，真的能“碎心”。

● 一拳何以毙命

心脏震击猝死综合征是指健康人胸前的心脏区域，突然受到撞击而引起的猝死。这种撞击常为低能量的钝性撞击，部位多在左胸的中部。值得注意的是，在患者的心脏体检和尸检中，未见任何显著的心脏或胸廓异常。

其致死性常是因为撞击引起了心室颤动。

心室颤动是一种严重的心律失常，心室肌肉快而微弱的收缩或不协调的快速乱颤导致心脏无排血，进而引发猝死。这也是人临终前的一种心律改变。

● 青少年尤需自我保护

心脏震击猝死综合征较易发生在年轻人身上。原因有几个方面：

一来，年轻人体育运动较活跃。各类球类活动和比赛中，特别是棒球、冰球、垒球、曲棍球、空手道等运动项目中，容易发生身体冲撞，尤需警惕此病。有数据统计，在运动场上，达 20% 的死亡源于胸壁撞击。

二来，一些年轻人好打斗。

三来，青少年尚处于发育中，胸廓富有弹性，容易将外来撞击所产生的能量传到心脏，诱发心脏电学不稳定，继而发生心室纤颤。

应对万一 抢救越早，获救机会就越大

由于心脏震击猝死综合征预后凶险，约 90% 的患者因来不及抢救而发生猝死。

早期除颤有可能复苏成功，因此，遇到这样的病例要分秒必争进行除颤、心肺复苏。抢救越早，心脏复苏的机会就越大。

终点驻足**可夺命**

公元前 490 年，希腊的一位士兵斐德匹第斯为传递胜利消息，从马拉松不停顿地跑到雅典，全程 42195 米，可他报捷后却突然晕倒死去。

依现在看来，士兵斐德匹第斯可能出现了重力性休克性晕厥，又叫体位性低血压晕厥。

冲刺终点突然驻足出现险情，多见于径赛运动项目。这是为何呢？

当运动员以下肢为主运动时，下肢肌肉的毛细血管会大量扩张，其供血量比安静时增加 20~30 倍。若运动后驻足停留，大量血液会淤积在下肢血管中，回心血量减少，而心输出量骤减，血压下降，就会导致脑供血不足，引起晕厥。

另外，人脑重量占体重的 2%，心脏排出的血液，1/6 会供给脑部，脑耗氧量占据全身耗氧量的 20％。要维持意识，脑所需的血流量至少为每分钟 30 毫升 /100 克，当脑血流量骤减至临界值以下，人就可以发生晕厥。

所以，运动完不要立即停步，即使筋疲力尽，也要由人搀扶，遛上一段距离，以免导致体位性低血压晕厥，甚至付出生命的代价。

猝死急救要懂得

从2010年到2015年,国内马拉松赛事数量翻了近10倍,与此同时,猝死意外也频繁发生。

2015年10月25日,安徽合肥马拉松,一名30岁左右的男子在临近终点时突然晕厥,四肢着地,就此不起。

同年12月5日,深圳国际马拉松半程马拉松赛场上,33岁的姚先生在离终点400米处突然倒地,心跳呼吸骤停,经抢救无效死亡。

马拉松是一项高负荷、高强度、高风险的竞技运动。全程马拉松长达42.195公里,相当于在800米的标准跑道上跑50多圈。

大部分马拉松猝死,都是心脏惹的祸:或是由于患有隐性心脏病,赛前没查出来,赛中突发;或是因运动强度过大,心脏不堪重负,导致心肌缺血坏死,引起休克。

为预防猝死危机发生,没有马拉松赛经验的跑者,赛前至少要练跑半年,且其间必须有3~5次30~50公里的长距离跑步训练。有条件的话,不妨参加一些马拉松训练营。

赛前,选手还应到县级以上医院做一次常规体检,特别是心电图检查,咨询心脏内科医生,看看身体的情况是否适宜跑马拉松。

应对万一 面对猝死,如何急救

1. 判断是否有呼吸、脉搏——呼叫无反应,颈动脉无搏动,胸廓无起伏，可判断为心跳呼吸骤停。

2. 若无呼吸脉搏，立即开展心肺复苏，同时拨打急救电话。

心肺复苏步骤

◆步骤一：胸外按压

部位：胸骨正中，即双乳头连线的中点。

频率：每分钟 100~120 次。允许胸廓充分回弹，减少按压中断。

力度：用力压，使成人胸骨下陷 5~6 厘米，儿童约 5 厘米。

姿势：救助者身体前倾，双臂伸直，两手掌平放交叠，十指相扣，下方的手指展开，手心翘起。借用自身上半身体重和肩臂的力量进行按压。

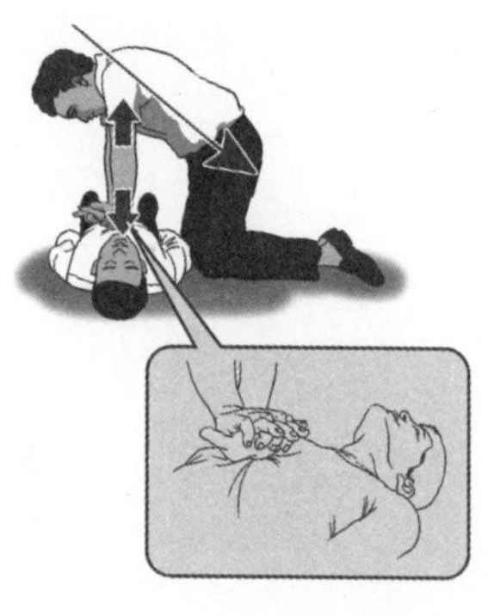

胸外按压

◆步骤二：开放气道

将患者头部后仰，下巴抬起，打开气道。

◆步骤三：人工呼吸

捏住患者鼻孔，深吸一口气，用口唇紧包患者口唇，平稳将气体吹入患者口腔。每 30 次胸外按压后，做 2 次人工呼吸，如此反复，要尽量缩短通气延误时间。

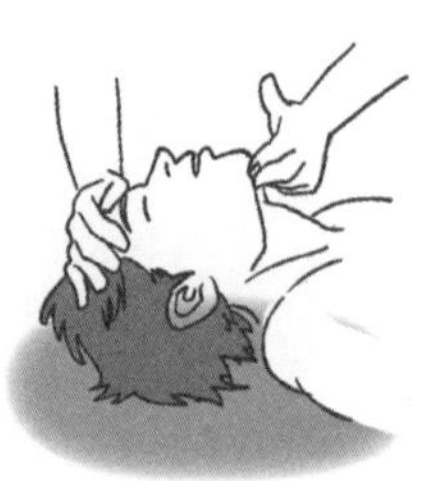

开放气道

人工呼吸

亲吻避开“死亡开关”

那一天，“120”送来一名年轻女孩，到达急救室时，她的生命体征已经全无，经一个多小时抢救，最终还是回天乏术。

与她同来的是一个年轻小伙子，他悲痛欲绝，蹲在地上痛哭：“她身体直往下沉，手也垂了下来。我以为她太累了，可突然发现她的脸色变得灰白灰白的，不省人事……”

原来，女孩是在男孩的亲吻中猝死的。医生推测，男孩的嘴唇刚好触碰到了女孩的颈动脉窦，导致死神降临！

● 颈动脉窦是什么

顾名思义，颈动脉窦在我们的脖子上，位于颈部两侧，距喉结左右各 5~6 厘米，黄豆大小，是颈总动脉向上分支的膨大部位。

颈动脉窦也叫“动脉压力感受器”。它的血管壁上有大量密集的压力感受神经末梢，能敏感地感受动脉血压的变化，以调解动脉血压的相对恒定，也能感受外界的按压刺激，反射性地抑制心脏跳动。

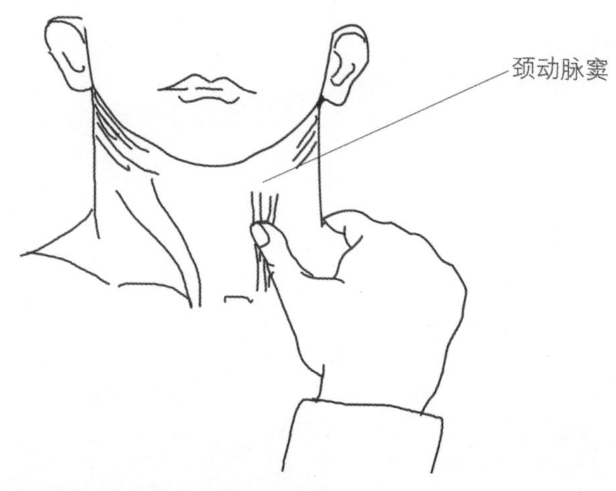

● 颈动脉窦为何碰不得

当颈动脉窦遭到直接打击或压迫时，其所承受的压力是要远远超过循环血压的。这种强大的压力刺激，会反射性地引起心脏功能抑制或心脏功能衰竭，使人心率骤减、心力衰弱、血压迅速下降，并因脑供血、供氧不足而很快导致昏厥；同时，它还会引起长时间的反射性闭气，使呼吸骤停。

按压颈动脉窦致心脏停跳达 3 秒，就能使人头发昏、眼冒金星。

按压 5 秒钟左右，可使人昏厥，神志不清。

按压 10 秒钟左右，则可使人发生痉挛性抽搐，这种情况临床上称为急性心源性脑缺氧，抢救不及时可致命。

当热恋中的男女亲吻脖子时，则有可能触动这个“开关”，导致危险发生。由此可见，亲吻致死并非危言耸听。

赵本山，**俯卧撑做不得！**

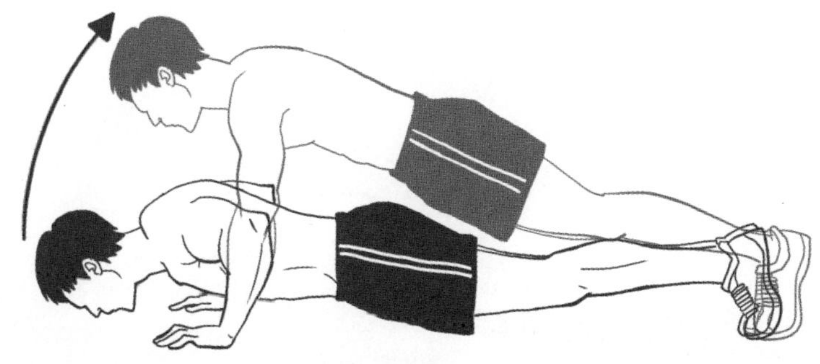

据新闻报道，每天睡觉前，赵本山习惯做20个俯卧撑。2009年9月30日这天，他和往常一样锻炼，但当做到第17个的时候，突然眼前一黑，身子一歪，倒下了。

原来，赵本山患有微小脑血管动脉瘤，俯卧撑期间，动脉瘤破了，导致脑出血(也叫脑卒中、中风)。

俯卧撑，这么常见的运动，为什么会导致动脉瘤破裂呢?

专业人士做了个测验：分别测量在做俯卧撑前、中、后的血压，同时监测动态血压。

结果发现，做俯卧撑前，测试者的血压是110/70毫米汞柱；做了10个俯卧撑后，血压升至140/90毫米汞柱。做俯卧撑时，尤其在用劲的时候，血压可以升高30%。

这组数据充分说明，俯卧撑会导致人体血压快速升高。

血压快速升高，可导致颅内压力增大，而脑血管动脉瘤管壁薄，在此时就易破裂。像赵本山一样颅内有微小动脉瘤的人，一般不会做头部CT及血管造影检查，因为血压正常的时候，很多微小动脉瘤没有任何症状。但是，动脉瘤一旦破裂，就有生命危险。

赵本山的抢救比较及时，所以恢复得好。但若换成别人，换个情景，就不好说了。

所以说，俯卧撑并非人人适宜，尤其是中老年人，他们的血管逐渐变细，血管壁逐渐硬化，做俯卧撑更要特别当心。锻炼后头晕、眼冒金星，都是血压增高、心率加快的表现，应提高警惕。

老年人爱好运动是好事，但要根据自身情况选择锻炼方式。

预防万一 做俯卧撑要注意什么

1. **姿势标准：**左右用力均匀，卧下时呼气，撑起时吸气。
2. **循序渐进：**由易到难，由少到多，由轻到重。
3. **做好准备和放松活动：**防止受伤和肌肉僵硬。
4. **根据体质：**控制运动负荷。
5. **老人：**禁用指式、击掌、负重练习法。
6. **心脏病、高血压患者：**禁做俯卧撑。

冬日可别“闻鸡起舞”

张大爷虽然有高血压，偶尔头晕、头痛，但他并不服老。他坚信“生命在于运动”“运动可以解决一切病痛”，于是，无论刮风下雨、寒冬酷暑，每天都坚持早起长跑。

一天早晨，寒潮突袭，气温骤降，老人照样早早起床，不顾家人劝阻，执意外出运动。可是，没想到这一去，便和家人天各一方。张大爷在晨练的路上发生了猝死。

回过头看，张大爷之死恰恰是中了“死亡三联征”——冬季、凌晨、去扫雪（注：此处扫雪泛指运动）。有调查显示，每年各国猝死率最多的日子出人意料地相似，就是在冬天下雪的第二天上午，也就是在寒冷的早晨。

“冬季凌晨去扫雪”，怎么就危险了呢？

●险情是如何酿成的

季节：与夏季相比，冬季人体血压会有所升高。当气温骤降时，人体血管会快速收缩，血压急剧上升，有心脑血管疾病的中老年人，则可能出现脑梗死、心肌梗死、脑溢血等猝死危险。

时间：古人曰“闻鸡起舞”。但是，对已患心脑血管疾病的中老年朋友来说，凌晨却危机四伏。尤其是凌晨五六时至上午 11 时，对他们而言，更是一道“魔鬼时间”。

为什么呢？因为人体具有生物钟节律，夜间身体存在“三低一高”，即夜间体内血量比白天少、夜间血压比白天低、夜间血流比白天慢、夜间血黏度增高。

凌晨 4 点左右，人体各项生命活动处于最低点，心脑动脉的血流极缓，易致心脑缺血、心脑梗死。而到了清晨，人从“半休眠”状态苏醒后，呼吸心跳加快，血流加速，血压升高，又易使已老化的心脑血管破裂。

所以，后半夜至清晨与上午，急性脑血管病、急性心肌梗死、心绞痛发作与猝死比傍晚高出 2~3 倍。

运动：早晨起床，身体从静态卧位到动态站位的变化，常会造成人体心脑血管供血不足，中老年人神经调节慢，如有心脑血管病还进行运动，就容易发生猝死。

预防万一 老年人什么时间运动比较安全

1. 按人体生物钟节律，下午 4~6 时，人体心功能和微循环处于最佳状态，此时运动最安全。

2. 寒冷冬天，不宜在清晨运动。雾天气压低，大气含氧量低，是心脑猝死的高危因素，也不宜运动。

十秒识别**中风**

老王凌晨起床去小便，感觉一侧手脚软软的，没什么力气，以为是之前睡得太熟，压到手麻了，于是再次躺下时，换了个姿势，继续睡。没想到，第二天醒来，那一侧肢体竟然完全无法动弹，话也说不出了。家人把他送到医院时，已是早上 8 点。就因为迟了那几个小时，老王落下了很多后遗症，下半辈子可能都无法离开轮椅。

在中国，每年新发中风患者约 250 万，其中约有 2/3 的人最终不同程度残疾，甚至因此死亡。究其主要原因，就是大多数人对中风缺乏认识，抢救不及时。

中风，在西医学里，叫作卒中，主要分为两大类：出血性卒中（即脑出血）和缺血性卒中（即脑梗死）。通俗地讲，脑出血便是血管破了；脑梗死便是脑血管堵了，缺血了。

美国加利福尼亚大学的研究结果：人中风后，每拖延 1 分钟，其大脑内的神经细胞就会死亡 190 万个；每耽搁 1 小时，大脑就会因缺氧而变老 3.6 年。

脑出血，如蛛网膜下腔出血，情况凶险，毫无疑问是要立即送往医院，部分需要紧急手术。脑梗死的抢救，则强调“黄金 3 小时”，也就是从出现症状到开始治疗，尽量控制在 3 个小时内，而且越早越好。

警示万一 “FAST”原则，十秒识别中风

“FAST”是一个英文单词，意为快速，这里用的是这个词的字母组合，每个英语字母分别代表一个步骤，即 3 种诊断试验 +1 种处理法。

F **Face · 面部**：让他笑一笑，观察微笑时面部或嘴角有无歪斜。

A **Arm · 手臂**：让他双臂平举，观察是否有一只手无力垂落。

S **Speech · 演讲**：让他说一句平常的话，听听看，有无口齿不清。

T **Time · 时间**：如符合上述情况，别慌，应立即打急救电话寻求帮助。即便症状不严重，也要立即拨打“120”，等待救援。

应对万一 等待救护车过程中，你能做什么

1. 让患者侧卧，避免仰卧时舌头后坠，或呕吐物堵住呼吸道。

2. 不要过多地搬动患者，让他就地或到附近的沙发、床上躺下。

3. 中风患者等待救援时，禁食任何食物，包括喝水。进食服药会增加手术麻醉时反胃或误吸风险。

4. 别给患者吃“降压药”或“安宫牛黄丸”“救心丹”等所谓的急救灵药。

5. 转运中风患者，需要许多专业技巧，所以不建议家属自行送医。

有种药，**不能站着吃**

一位平素有冠心病的老年患者，外出散步时出现了胸闷不适，当即含服随身携带的硝酸甘油片，走出不足百米时突然晕倒……

“120”人员到达现场后测得血压为 70/50 毫米汞柱，无明显心肌梗死心电图表现；当询问病史后，考虑患者站立位时服用了血管扩张剂硝酸甘油，导致了低血压性晕厥。

对于大多数疾病，通常人们都采用直立体位或端坐姿势服药，尤其是大药片和胶囊制剂，这样的姿势可使药物顺利经过食道进入胃。

对于卧病在床的患者，如果仰卧吞服片剂、胶囊剂，则易使药物粘在食道上，因此，如果病情允许，还会建议患者在服药后稍做轻微活动，避免药物滞留食道。

然而，对心脑血管疾病患者而言，服药时的姿势就截然不同了，应采取特殊的半卧位，或卧位姿势，否则就可能出现险情。

心脑血管疾病患者之所以不能站着服药，是考虑到当服用血管扩张剂，如硝酸甘油等制剂时，外周血管会扩张，机体血压会降低，如果还站着服药，就易发生体位性低血压性晕厥。

另外，站立体位服用相关血管扩张剂后，再徒步行走，此时下肢运动尚需更多的血液供应，亦会引起大脑供血减少，进一步加重了体位性低血压性晕厥。

应对万一 身边有人胸痛怎么办

◆识别

心绞痛： 大多数患者有前胸部的压迫或绞榨感，持续数十秒或数分钟。也可表现为牙痛、颈部紧缩感和上腹部不适。

急性心肌梗死： 上述症状持续10分钟以上，出冷汗、心跳加快、呼吸加速，可有濒死恐惧感，常有高血压、高血脂、糖尿病、吸烟、肥胖等危险因素。多数人心梗前有心绞痛病史。

◆急救处理

1.拨打“120”，呼叫亲属。

2.让患者静卧，最好能吸氧。

3.若明确患者有冠心病基础，且确认为心绞痛，可让其舌下含服硝酸甘油1片。

4.若明确为心肌梗死，可让患者嚼服阿司匹林3片。

坐飞机，**多伸腿**

一个老人坐长途飞机去旅行，刚到宾馆没多久就发生猝死。

为什么会这样呢？

老人可能因在飞机上久坐不动，体内形成血栓，导致肺栓塞。有一种病叫经济舱综合征，说的正是这种情况。

它的典型表现是，患者在飞机上，刚一离开座位，没走几步，就出现呼吸困难、胸痛。

这是因为，经济舱内座位狭小，长时间乘坐飞机时缺少运动，加上客舱内低湿度、低气压、相对性低氧的特有环境，使得人容易发生静脉栓塞症，这种情况严重可致猝死。

有部分患者在飞机上出现下肢水肿、肿胀，这也可能是下肢静脉血栓形成的先兆症状，要特别注意。

中老年人出门旅行，无论乘坐飞机还是火车、汽车，都要适时变换坐姿，活动双腿，即便在空间狭小的地方，也一定要起来活动、多喝水，才能防止“祸从天降”。

预防万一 在飞机上，5 招预防经济舱综合征

1. 多活动下肢，自我按摩下肢肌肉，促进下肢静脉血液回流。

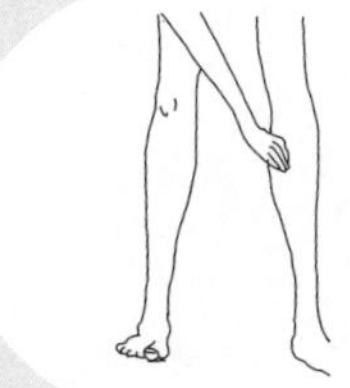

2. 喝足够的水，以防脱水。不宜饮用含有酒精或咖啡因的饮料（有利尿作用），提倡饮用含有糖分和钠成分的离子饮料。

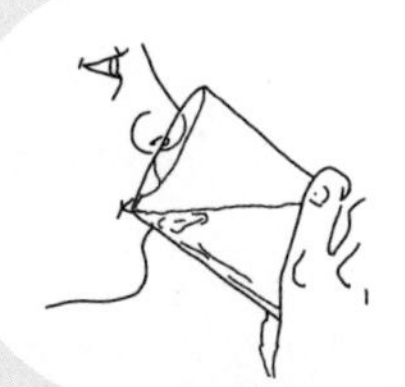

3. 吃清淡易消化食物，忌过度饱餐。因为低气压会引起腹内压升高，过度饱食会进一步升高腹内压。

4. 穿加压弹力丝袜。适用于有下肢静脉曲张、激素疗法、心功能不全、妊娠及产后、新近有下肢外伤史等的人群。

5. 预防性使用抗凝用药，需在医师指导下，应用于个别高危人群：有静脉血栓史、先天性血栓疾病、恶性肿瘤及新近有大手术史等的人群。

防踩踏，
记住“一米”安全距离

2014 年 12 月 31 日 23 时 35 分许，上海外滩陈毅广场发生民众踩踏事故。官方通报致 36 人死亡，47 人受伤。遇难者中，最大的 37 岁，最小的仅 12 岁。那一张张逝去的年轻面孔，令人无比痛惜。

踩踏发生的原因，无外乎两个：一是人群密集；二是在某个外在干扰影响下，人群出现瞬间的集体行动恐慌，进而演变为慌不择路地逃离，最终在互相挤压中酿成大祸。

有鉴于此，倡议在大型集会甚至是日常交往中，应人人遵守“一米阳光安全距离法则”，即人与人之间有意识地保持一米距离。一米距离，看似简单，实则一条护卫线、一道安全杠。

● “一米”能防推搡

一般情况下，人体的手臂长度，约等于身高的一半。以一个身高 180 厘米的人为例，通常其臂长约为 90 厘米。也就是当他手臂伸直时，也不会触及一米安全距离，可以避免推搡，也可以避免拥挤摔倒后引发的多米诺骨牌效应，架构起一个防护空间。

而从运动生物力学角度看，当人体肘关节完全伸直时，无论是屈肘肌还是伸肘肌，各肌肉力臂值基本上都是处于最小值。也就是说，即便手臂伸直后碰到前方的人，此时推搡力也是最小的。

生活中，还真不能少了“一米”这样的安全概念。比如银行柜台或取款机前，醒目的“一米线”，既保护了公民隐私，又维持了公共秩序。火车和地铁站台上的安全线，距离站台边缘，同样也是一米。当巡逻的武警战士盘问、检查可疑人员证件时，通常会保持一米左右的距离。这样的距离，进可攻，退可守。

●“一米”能防传染病

众所周知，飞沫传播是病原体空气传播的一种方式。流感病毒、脑膜炎双球菌、百日咳杆菌等常经飞沫传播。甚至于埃博拉病毒，也存在飞沫传播的可能。

通常，患者的飞沫里会含有大量病原体，它们随呼气、喷嚏、咳嗽经口鼻排入环境后，大的飞沫迅速降落到地面，而小的飞沫则会在周围的空气中短暂停留。当易感者与传染源近距离接触，就可能吸入带有病原体的小飞沫，导致感染。

那么，距离传染源多远才安全？通常认为，一米以外。

比如流感。国外研究报告显示，与流感者相距一米以上时，比相距一米以内时，被传染的概率低九成。

每年 12 月底、1 月初是我国的流感高峰期。避免感染流感的最好办法之一，就是跟已患流感的人保持一米以上的距离。当然，还需感染者注意咳嗽礼仪、佩戴口罩等等。

●“一米”是心理安全距离

心理学上有个著名的“刺猬理论”。说的是两只困倦的刺猬，想要靠拢取暖，可由于各自身上都长着刺，扎得对方怎么也睡不舒服，离得太远，又冷得受不了。几经折腾，它们终于找到合适的距离：既能互相取暖，又不至于扎伤对方。

人际交往中，又何尝不需要合适的距离？或远或近，分寸有度，过之则不及。只有在这个允许的空间限度内，人才会感到踏实与安全。

美国人类学家、心理学家霍尔通过大量事例说明，0.5~1.5 米为社交距离。在这一距离内，双方都把手伸直时，还可能相互触及，亲密朋友、熟人可随意进入这一区域，是人心理空间的安全距离。

应对万一 发生踩踏，救命 3 招

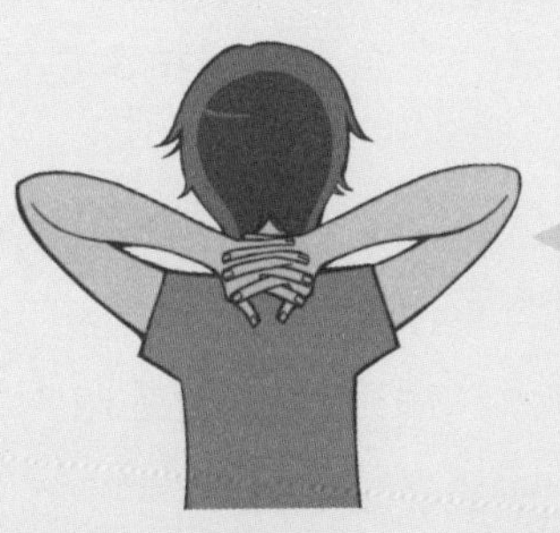

1.双手十指交叉相扣，护住后脑和颈部；两肘向前，护住头部。

2.不慎倒地时，双膝尽量前屈，护住胸腔和腹腔重要脏器，侧躺在地。

3.拥挤人群中，左手握拳，右手握住左手手腕，双肘撑开平放胸前，形成一定空间保证呼吸。

万一爆炸，**这样做能保命**

2015 年 8 月 12 日，天津塘沽发生重大爆炸事故，造成多人伤亡，震惊全国。这给每个中国人提出了新课题：遇到爆炸，如何保命？

●别着急跑，赶紧“趴下”

爆炸发生时，会先发出光或闪动，这时先别着急跑，应背对爆炸点方向，立即卧倒。趴下时，要护头，一手枕在额前，另一手盖住后脑。

在确保短时间内不会发生第二次爆炸后，朝最近的安全出口逃生。避开柱子、玻璃与墙壁，伏低身子，缓慢前进。

如衣物着火一时难脱下，应迅速滚动灭火，或用水、潮湿物品扑灭火焰。勿惊慌乱跑，以免风助火势。

身体被炸伤出血，特别是出现喷射状的动脉出血时，别慌，必须迅速指压止血，或用布带捆压住出血口的上方（近心端），静待救援。

皮肤有烧伤，应尽快清洁烧伤创面（最好用干净流水冲洗），并进行包扎。

●毒气袭来，怎么办

爆炸会制造大量烟雾和有毒气体。可用矿泉水、饮料等润湿布块捂鼻，防止中毒或窒息。

要及时撤离，当贮罐、火车或货罐车着火，可有毒气大泄露，人应向四周撤离 1600 米。

发现毒气中毒者，应立即将他移至空气清新处，停留在上风口，应侧卧位，防气道梗阻。对呼吸困难者，应做人工呼吸，若伤者吸入腐蚀性气体，不要行“口对口”人工呼吸，可戴有氧面罩。对心跳骤停者，应立即行胸外按压，脱去其污染的衣物和鞋子，但要注意保暖。

●身上有苦杏仁味，警惕氰化物中毒

天津港爆炸中，有少量氰化钠泄漏，让市民格外担心。氰化钠是剧毒物质，可经呼吸道、皮肤或消化道吸收，使人出现急性中毒。

若皮肤接触此物，应立即脱去被污染的衣物，用流动清水或 5% 硫代硫酸钠溶液彻底冲洗至少 20 分钟，马上就医；若眼睛接触，应立即提起眼睑，流动清水或生理盐水彻底冲洗至少 15 分钟，就医；若有吸入，按毒气中毒急救方法处理，给予吸入亚硝酸异戊酯，就医。

人体中毒后，身上往往会散发一些特殊气味：苦杏仁味，多为氰化物中毒；胶味，多为甲苯中毒；臭鸡蛋味，为二硫龙或硫化氢中毒。若身上有这些异常气味，应想到中毒可能。

毒气袭来，向上风或侧上风方向迅速撤离

三步拍手操，**练起来**

随着知识经济时代的到来，需要久坐的人群日趋增多。从电脑前工作的上班族到上课的学生，哪个不是从早坐到晚。

坐着虽然舒服，但也会坐出“万一”。

生理方面，久坐可引起多种疾病，比如颈椎腰椎疾病、肌肉酸痛、食欲不振等等。特别对于青少年，久坐不动、缺乏锻炼，是导致肥胖的重要“元凶”之一。

从心理角度看，久坐而缺乏运动的生活方式亦是压力滋生的温床。

为此，王立祥教授给“久坐族”发明了一剂“解药”——三步拍手操。

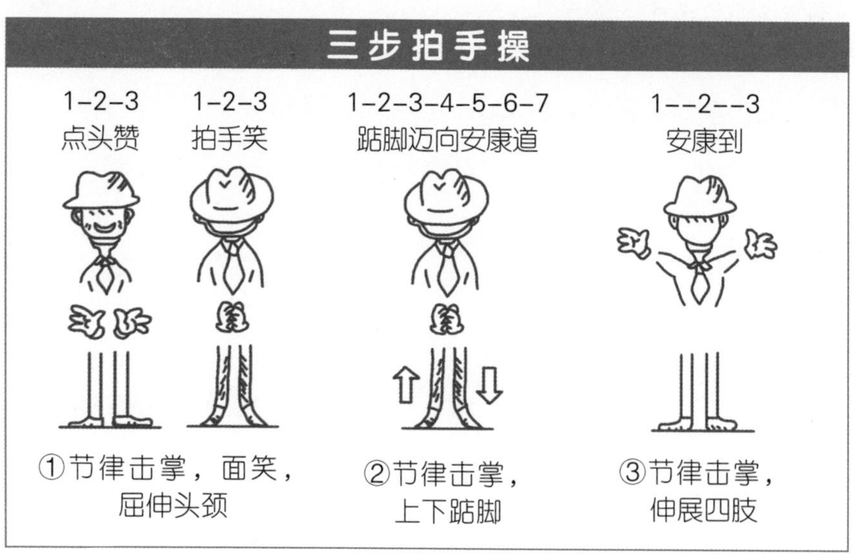

●三个动作，每次只需 2 分钟

三步拍手操可分解为拍手微笑、运动头颈和踮脚三个动作。它简单易行，人人可做，适用于集会、办公、学校、家居等小范围的活动。每次只需 2 分钟。

●健康，这样练出来

拍手掌能促进血液循环、改善慢性病，还能促进胃肠的消化。有节奏的拍手，可激发人体的自愈力和免疫力。

适度运动头颈，能放松神经、缓解颈肩肌肉紧张，改善头颈部血液循环，能缓解颈肩酸痛、头痛、腰痛等慢性疼痛，帮助防治颈腰椎疾病。

踮脚能促进足部、肢体血液循环，预防血栓、静脉曲张、痔疮，还可以防治高血压等心脑血管疾患。人体足底有很多穴位。古时候的人们整日赤脚在田中劳作，脚底直接接触地面，因而受到刺激，促进循环，然后流汗喝水，完成了一个新陈代谢的正常循环，发挥人体的治愈功能。所以，古代人的身体比我们现代人健康许多。

而微笑则是最美的无声语言，会心的微笑不仅可以美容，延缓衰老，还能抒发内心健康的感情，驱散忧愁和紧张。

预防万一

现代人的生活处处充满压力。压力虽不可避免，但可以掌控。主动放慢节奏，只专注于某一件事上，比如暂时不考虑杂事，彻底放松紧张的神经，进行 2 分钟左右的拍手操运动，您也许会得到意想不到的收获。

灾难应急指南 ⑤

PART1 一氧化碳中毒怎么办

通风不畅的炉子、堵塞的烟囱、热水器、壁炉、暖炉和汽车排气管都可能导致一氧化碳——一种无色无味的气体——达到危险水平，导致中毒。

1. 一氧化碳中毒的症状：

很像流感，会出现头痛、头晕、疲倦和呕吐。

2. 如果您怀疑有一氧化碳中毒情况：

拨打“120”。

打开窗户。

把中毒者迅速置于空气通畅处。

通知物业或煤气公司等部门。

PART2 核泄露怎么办

少量辐射被认为是安全的。万一有过量辐射威胁的情况，您可遵循下列建议以降低危害。

- **清洗：**如果您在户外，应回到室内，脱下衣物，彻底清洗。

· **远离**：如果室内出现核辐射泄露，尽量在不通过污染区的情况下离开该建筑物。如果无法逃出，应尽量远离污染源，就地躲避。

· **服药**：万一不幸出现辐射污染，政府将分发碘化钾（即 KI）。如果您受到的是放射碘的威胁，这种盐都可以保护您的甲状腺不受伤害。碘化钾通常只用于儿童、青少年、孕妇及其他甲状腺正在发育的人。每 24 小时只需服用一次。

· **时间**：放射性物质的辐射力随时间的推移会逐渐减弱。待在室内直到有关部门通知您危险已经过去。

· **遮蔽**：在您和辐射源之间尽可能地多放置厚重的物品。出于这方面的考虑，有关部门可能会建议您待在室内或地下室。封闭窗户，关闭一切通风设施。

PART3　房屋倒塌或爆炸怎么办

建筑物倒塌或爆炸，有可能是结构问题，也有可能是人为破坏，无论什么原因，您都应当懂得以下规则。

1. 基本原则：

· 尽可能迅速冷静地离开该建筑物。

· 如无法离开，就躲在坚固的桌子底下。

2. 如果您在清理废墟：

· 戴上手套，穿结实的鞋子。

· 分类清理残留物（木头、家电等）。

· 不要接触连接公用线材的残留物。

· 不要移动过大、过重的残留物，向邻居或现场清理工作人员寻求帮助。

· 如果您被废墟掩埋，参考本书地震急救相关内容。

PART4　收到疑似恐怖袭击包裹或信件怎么办

恐怖分子的目的是制造恐慌，有了准确的信息和基本的应急准备，您就可以反击。

1. 包裹或信件如具备下列一项以上的特征即为可疑物：

· 手写或打印不清的地址，称呼错误或只有称呼，没有姓名，或常见字错误。

· 寄给某个已不再是您机构的人，或者没有具体收信人。

· 回邮地址反常，或没有回邮地址。

· 标注有限制，如："私人函件""机密"或"不可照X光"。

· 邮资超额。

· 外部有粉状物。

· 重量与其大小不符，外形不对称或外形奇怪。

· 外囊胶带过多。

· 有难闻的气味，色泽脱落或有油渍。

2. 如果您收到可疑信件或包裹：

· 就地放下——最好是放在平稳的表面。

· 用垃圾桶或塑料袋等不透气的容器覆盖。

· 拨打"110"，并通知您所在的建筑物的保安人员。

· 通知其他在场的人有关可疑包裹，并撤离现场。

· 如果您触摸过该包裹，用水和肥皂清洗双手。

· 记下发现可疑包裹时在场的人员名单，交给有关部门。

· 如果认为自己已接触包裹中的危险品，不要离开所在地。

第六章

扶出来的『万一』

老人跌倒**扶不扶**

2015 年 5 月，浙江一老人街头昏迷被救后，特意声明："我是自己摔的。"老人话出有因，很多年轻人不敢扶老人，怕被讹诈，怕担责任，见死不救又怕道德谴责。

其实，扶不扶老人，不只是道德问题。从医学救护层面看，扶与不扶是相对的，要因时、因地、因伤、因病而定。但是要记住一点：不扶，不代表袖手旁观，什么都不做。

● 因时

心跳呼吸骤停时，不扶。

应立即行胸外按压和人工呼吸。通过翻（翻眼皮，观眼球不动）、摸（摸颈动脉，搏动消失）、呼（呼叫老人无应答）、观（观察胸廓无起伏），可判断为心跳呼吸骤停。

口鼻流血时，不扶。

应就地采取指压、填塞等止血措施。将倒地的老人的头略抬高、偏向一侧，以防血液倒流造成窒息。

不停呕吐时，不扶。

应立即让老人侧卧，头偏向一侧以便呕吐物引流，避免呼吸道梗阻。

● 因地

在路口，要扶。

如不帮扶老人撤离，他将可能被过往车辆碾过导致伤亡。

路边水沟旁，要扶。

积水只要浸没老人口鼻，就会引发喉头痉挛缺氧致死。

在建筑工地，要扶。

防止高处物体跌落，砸伤老人。

● 因伤

脑卒中，不扶。

老人有剧烈头痛或口角歪斜、言语不利及手脚无力等表现，可能发生脑卒中，不可立即扶起。应将他平卧，头略偏向一侧，清理其口鼻分泌物，并第一时间打急救电话。

颈腰椎损伤，不扶。

询问跌倒老人有无颈腰、背部疼痛，看其颈腰、手脚活动是否异常，有异常及大小便失禁则不可扶起。应立即拨打急救电话。

有骨折，不扶。

跌倒老人有肢体疼痛、畸形、关节异常、肢体位置改变等，不能随意搬动。应因地制宜，对骨折处进行支撑、固定，并拨打急救电话。

● 因病

意识不清、抽搐，不扶。

应将患者平移到较软地面，或在其身下垫软物，把他的头部偏向面部抽搐痉挛的一侧，并将周围危险物品移开。不能硬掰其肢体，不可强行将硬物塞入牙间，不可持续掐按人中穴。

心绞痛服药，不扶。

老人心绞痛发作，正从衣袋里掏出硝酸甘油含服，此时万不可急速扶起。因硝酸甘油扩张血管时会降血压，扶起会引发低血压性晕厥。可将其置于半卧或平卧位，观察其用药后反应，拨打急救电话，与其家人联系。

警示万一

对于老人跌倒时的“要扶”与“不扶”，从医学救护层面看都是相对的，即“要扶”中有“不扶”，“不扶”中有“要扶”。总之，遇有老人跌倒，科学帮扶的办法是贯穿始终的，绝不可因顾及一点而不及其他。

“公主抱”，致骨折

某个感恩节，家住湖北汉口的张大爷想给老伴儿一个浪漫的惊喜，趁老伴儿进门时，给她一个“公主抱”。没想到，对于患有骨质疏松的老婆婆而言，这一抱明显浪漫过了头——她突然感到胸痛，到医院拍片一看，断了3根肋骨。

老年人多数患有骨质疏松症，平日里稍有不慎发生冲撞或摔跤，都很容易骨折，有些人甚至打个喷嚏都可能引起骨折。

发现骨折老人，曾有人直接背起患者就往医院跑，结果反而使骨折加重。为什么呢？因为都骨折了，还剧烈晃动，损伤只会越晃越重。

发生骨折，如果没有心跳呼吸暂停、昏迷、出血等急症，那么首先要做的抢救是固定。

怎么固定？一起来学。

应对万一 骨折固定方法

◆小腿骨折

用两块夹板分别放在伤肢的内外侧，长度应跨过踝关节和膝关节，再用布带包扎固定。

◆股骨（大腿骨）骨折

老年人最常见的骨折部位是股骨头。找一块长夹板或木棍，长度应跨过伤肢的踝关节与骨盆，放在伤肢外侧；再用一块稍短的夹板，放在伤肢内侧，长度为会阴到踝关节；再用布带，在腰部、大腿根部、膝盖、踝部，环绕伤肢包扎固定。

◆肘关节骨折

当肘关节弯曲时，用两条长带和一块夹板把关节固定，然后用一块三角巾，把肘关节固定在胸前。肘关节伸直时，也可用一块三角巾把肘关节固定在身体上。

◆前臂骨折

用一块长度合适的夹板，置于伤肢下面，用两条长带或绷带把伤肢和夹板固定，再用一块三角巾悬吊伤肢。

◆手指骨骨折

用筷子、笔等作为小夹板,再用胶布或带子将夹板与伤指固定。

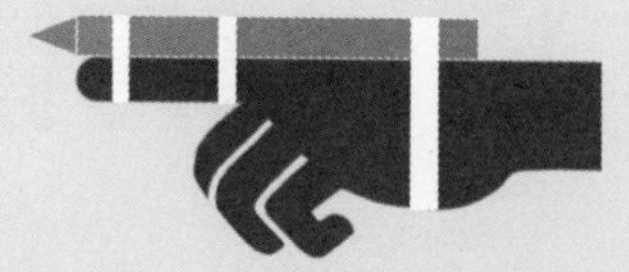

◆肋骨骨折

将一块三角巾的顶角放于伤侧的肩上,使三角巾底边的正中点位于伤部下侧,并使两端绕下胸部至背后打结,再将三角巾的顶角穿过底边与其固定打结。

预防万一

1. 伤者须经妥善固定后再送往医院,特别要注意脊柱骨折不要擅自搬运,万不得已时,要用硬板床、担架、门板搬运,不能用软床。

2. 禁止一人抱背或仅抬四肢,否则会加重伤者脊柱、脊髓的损伤。

3. 搬运时让伤者两下肢靠拢,两上肢贴于腰侧,并保持伤者的体位为直线。

溺水，**如何智救**

2015年清明节，广东汕头市潮阳区一小孩扫墓后到水库洗手，不慎落水。家人、亲戚发现后，接连下水救援，结果7人溺亡。其中，最小的男孩才13岁。

这出悲剧，折射出民众溺水互救知识和技能的匮乏。

面对溺水，以下常识我们应当懂得。

●不会游泳或体力差，别盲目下水

应在岸上大声求救，拨打“120”，并利用木棍、树枝、长绳等物将溺水者拉回岸边，或向溺水者抛漂浮物，如木板、轮胎。

●脱了衣服、鞋靴再下水

下水救人，要脱去衣物以解脱束缚，同时避免衣物吸水变重，增加身体负荷。

●从溺水者背后接近

为防止被溺水者紧抓不放，救助者应从溺水者的背后接近，从后方用手肘托住他的头部或挽住其胸部，使其脸露出水面，再将其拖上岸。

解救溺水者的正确姿势

●搬运时谨防脊髓损伤

在水中，应使溺水者颈部于中立位，抬离水面前，应使其仰卧漂浮于水平。救离水面后，必须翻转溺水者时，应保持头、颈、胸、躯体呈直线，滚木样转至水平仰卧位。

●立即心肺复苏，不必查脉搏

溺水者的脉搏很难发现，如一味检查脉搏，势必耽误救治时间。

●无须控水

拍背倒水、倒挂控水既不必要，也危险。溺水者会因喉头痉挛或屏气而不会把水吸入肺中，即使误吸，也只是吸少量水，不会阻塞气管。控水反而会致胃内食物返流和继发误吸，从而阻塞气道，引起肺部感染。

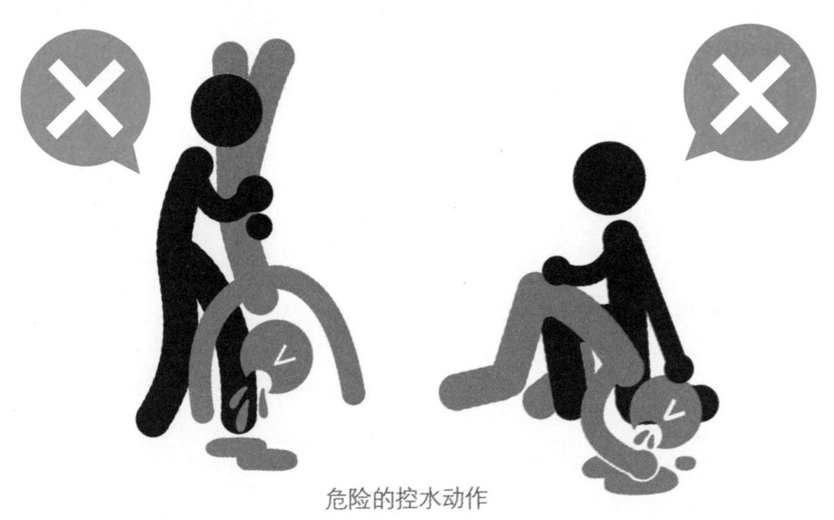

危险的控水动作

●延长心肺复苏时限

一般，心肺复苏的终止时限标准为 20~30 分钟，溺水抢救可适当延长时间，尤其是对 5 岁以下的儿童。

这是因为，人长时间淹没水中，潜水反射会使心率减慢、周围小动脉收缩，血液从肠道和四肢至脑和心脏，增强大脑和心脏的耐受力。小儿对损伤的耐受力较成人更强，故格外强调延长复苏时限。

应对万一 救溺水者上岸后，如何继续施救

1. 如果溺水者清醒，有呼吸、有脉搏

——呼叫“120”，为他做好保暖，等待救援人员到来，或送医院观察。

2. 如果溺水者昏迷，有呼吸、有脉搏

——呼叫“120”，清理其口鼻异物，将他保持侧卧位，等待救援人员到来。密切观察其呼吸脉搏情况，必要时做心肺复苏。

3. 如果溺水者昏迷，无呼吸、有脉搏

——给予开放气道、人工呼吸。恢复呼吸后，将其保持侧卧位，等待救援人员到来。

4. 如果昏迷，无呼吸、无脉搏

——立即清理口鼻异物，按照开放气道、人工呼吸、胸外按压的次序进行心肺复苏。要呼叫“120”，坚持心肺复苏，直到急救人员到达或至患者呼吸、脉搏恢复。

扶墙谨防“**电老虎**”

小宝宝探索欲强，对周围世界总是充满好奇。大人习以为常的插孔、插座，对他们来说，是一个个神秘的“黑孔”。万一小手伸进电插头里玩耍，就可能发生触电意外。

要预防这种意外其实一点都不难。现在各大超市、商场、网店都有出售各种造型的电位插塞，二相、三相的都有。

插头不用的时候，用其将插头位堵住，就不怕宝宝小手插进去了。

应对万一 万一触电，如何急救

1.勿上前，迅速切断电源。

2.用竹竿、塑料制品等绝缘体，帮触电者脱离电源。

3.呼叫“120”。

4.握拳用力叩击触电者心前区。

5.若无恢复心跳呼吸，即行心肺复苏。

6.清醒后搬运。

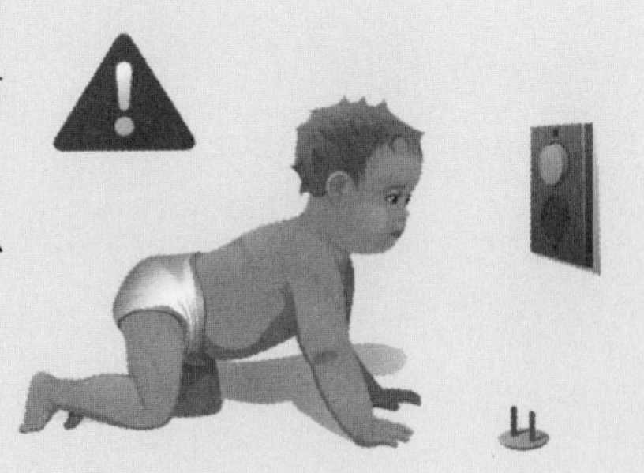

止鼻血，**别仰头**

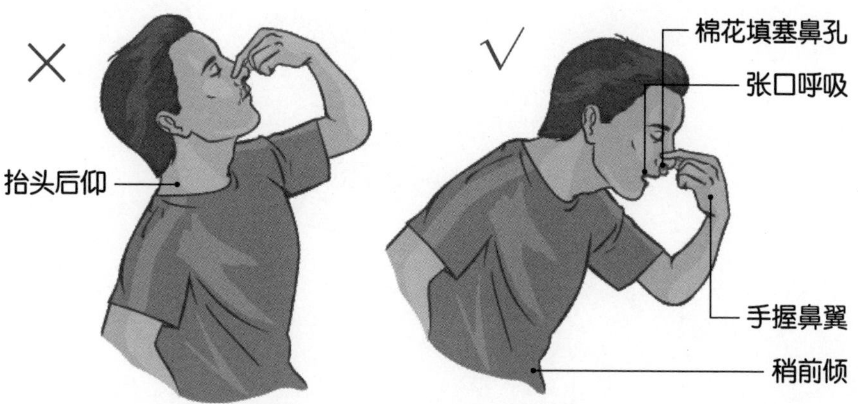

六岁半的小女孩流鼻血，奶奶连忙让她仰头抑血，结果鼻血倒流，导致气管堵塞。女孩窒息而死。

小孩流鼻血时，很多人都习惯让他们头向后仰，以达到止血目的。实际上，这是错误的。

鼻出血，尤其是儿童鼻出血，大多发生在鼻腔前部，抬头时，尽管血不会从前鼻孔流出，但会流到鼻腔后方、口腔并吞入胃内，引起胃部不适；或流入气管，引起呛咳。甚至导致肺炎、呼吸困难。

正确的做法应当是：坐下，上身稍前倾，用手捏紧鼻翼 5~10 分钟，用口呼吸；或用干净的棉花填充鼻孔止血。

一般来说，大部分小儿的鼻出血都可用上述方法止血，若压迫后超过 10 分钟，血仍未能止住，则提示可能存在严重出血，或合并有其他的异常情况，此时及时就医方为上策。

错误止血帮倒忙

吉林某乳胶漆厂工人张先生，搬运货物时，右手掌不慎被夹在货物与叉车横梁之间，流了不少血，疼痛难忍。附近的工友赶紧找来一条绳子系在了他的手腕处，随后把他送到医院。

医生接诊时，张先生的手几乎失去了感觉。医生立即为他解开手腕处的绳子，因为手腕上系绳的止血方法虽能阻断手部静脉回流，却不能阻断动脉血流，因此手部出血会更严重。

生活中或生产中，稍不小心，就有可能被利器所伤，出现出血意外。通常情况下，面对出血，应第一时间进行止血，但如果采取了不恰当的止血方法，却很可能帮倒忙。

关键时候，我们如何正确处理各种出血伤呢？来学几招！

判断出血来源

喷射式出血：为动脉出血。血液为鲜红色，出血速度快，可危及生命。

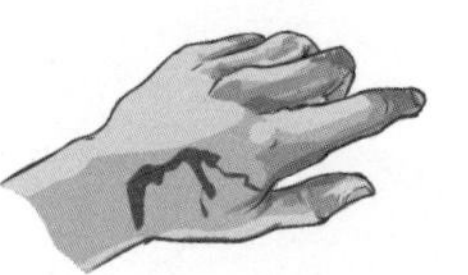

冒出式出血：为静脉出血。暗红色血液大量流出，也易危及生命。

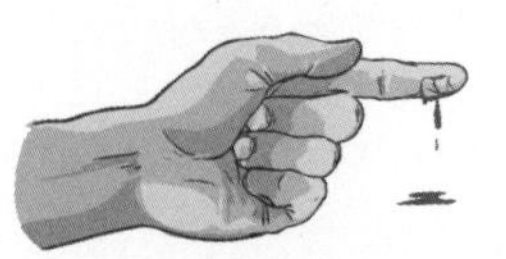

渗出式出血：为毛细血管出血。只要压迫出血部位，不久即可止住血。

应对万一 止血招数

第一招：一般止血法。对小而浅的出血创口，用创可贴即可。

第二招：加压包扎止血法。适用于四肢小动脉、静脉出血。在出血伤口上覆盖几层消毒纱布或较干净的手帕、布类等，然后用三角巾或绷带等紧紧包扎。压力大小以能止血而又不影响伤肢的血液循环为宜。

第三招：指压临时止血法。适用于头部及四肢的大出血，压迫动脉的近心端，压迫时最好能触及动脉搏动处，并将血管压迫到附近的骨骼上，从而阻断血流。此法止血时间短，要配合其他止血方法使用。

指压止血法

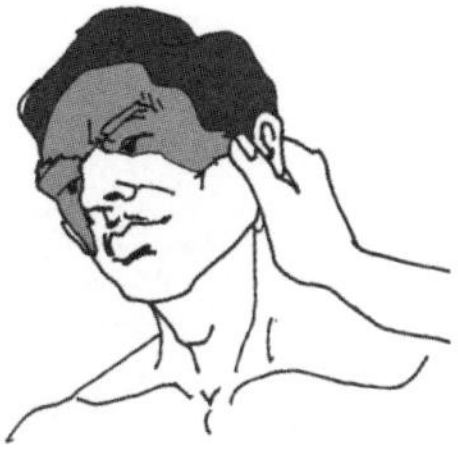

前额出血
指压耳前颞浅动脉

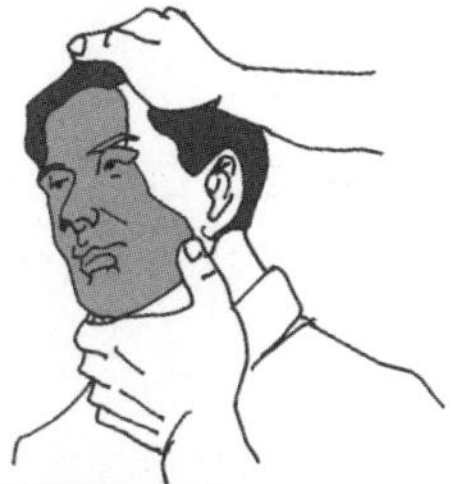

颌面部出血
指压下颌角面动脉

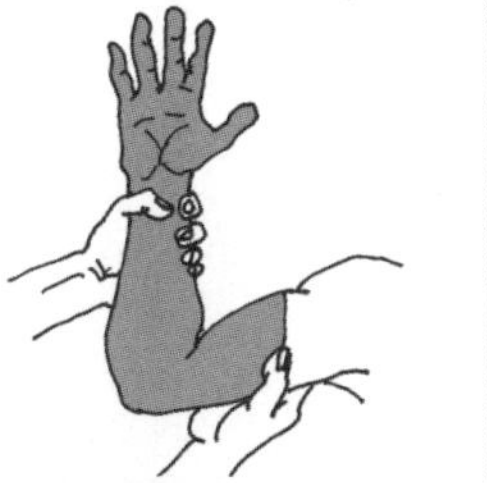

前臂出血
指压肱动脉

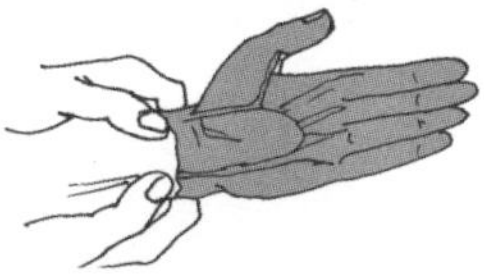

手掌出血
指压桡动脉及尺动脉

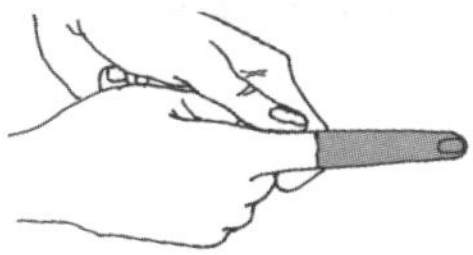

手指出血
压迫手指两侧指动脉

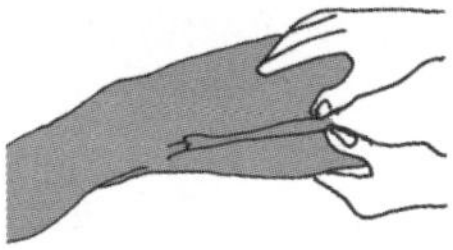

下肢出血
指压大腿根部的股动脉

第四招：止血带止血法。若用上述方法止血无效，或遇到四肢大动脉出血时，可采用止血带止血。在伤口近心端，将伤肢扎紧，以达到止血的目的。

注意：上止血带时间过久，容易造成肢体坏死，因此每隔50分钟应放松一次，每次放松3~5分钟。在放松止血带的同时，要在伤口处加压，以防止血带放松后引起猛烈出血。

预防万一

1.伤口内有异物存在时，不要在受伤现场处理伤口内异物，应在进行包扎止血后，立即到医院由医生处理。

2.止血及包扎时，可适当抬高伤肢，以减少出血量。

3.包扎动作要迅速准确，不宜过紧或过松，过紧会影响血液循环，过松容易脱落或移动。

氢气球**随时变炸弹**

这些年来，气球炸伤儿童的事件时有发生——

父亲一手抱着孩子，一手抽烟，孩子拿着气球，烟头不小心碰到气球，结果“嘭”的一声，气球当即爆炸，孩子被烧伤。

女孩开心地拽着气球在家里跑，气球碰到厨房里高压锅喷出的热气，瞬间爆炸，燃起熊熊烈火，女孩的手臂和脸部被烧伤。

生日宴会上，男子用打火机烧断气球绳子，气球突然爆炸，导致两名女童面部中度灼伤……

●好端端的气球，为何会爆炸

这是因为，它们是氢气球。

这类气球之所以能向上飘，有赖于其填充的空气密度比空气密度小。密度比空气小的气体，常见的有两种，一种是氦气，一种是氢气。氦气是惰性气体，不会燃烧，不会爆炸，而氢气易燃、易爆。很明显，氦气安全，氢气危险。

国家有关法律早就明确规定，严禁在公共场所灌充、施放氢气球及其升空物，严禁在各种场合灌充手持氢气球，儿童玩耍的气球里应充装氦气等惰性气体。

然而，据媒体调查，目前街上售卖的卡通气球，基本都是氢气球。

要知道，氢气极易燃烧。其在常温中的最小点火能量很低，仅为0.017 毫焦耳。理论上，我们身上的静电、有火星的烟蒂、烟花爆竹、汽车内燃机产生的尾气、手机的强信号等，都超过氢气的最小点火能量，都有可能引发爆炸。

预防万一 警惕这些危险行为

1.家长最好别给孩子买氢气球。

2.万一孩子非买不可，尽量买小号的。

3.避开明火或高温。

氢气球只要一遇到明火或高温，就可能瞬间爆炸和燃烧。气球表面塑料熔化后的塑料液体，若滴落在孩子身上，还可能烫伤皮肤。

要小心看管氢气球，别让氢气球靠近火源，也别让氢气球暴晒。

4.别带进车里。

有些人会把氢气球带进汽车里，或者塞到汽车后座，这种做法也很危险。在相对封闭的空间内，氢气球一旦爆炸，危害更大。携带氢气球时，尽量远离拥挤人群。

别压宝宝的“天顶盖”

一村民给女儿摆满月宴，亲朋好友前来道贺，该村民一高兴，决定当众为女儿称体重。

有人随即找来了一把木杆秤。正准备称时，不料系秤砣的绳子突然断了，秤砣狠狠地砸在孩子的头上。孩子当场昏过去，在去医院的路上停止了呼吸。喜事转眼成了丧事。

这一悲剧的发生，是因为秤砣恰恰砸到了婴孩的囟门。

新生儿的头颅，除了比成年人小之外，其头骨的结构也与成人有极大的不同。人的颅骨共由 6 块骨头组成，宝宝出生后，由于颅骨尚未发育完全，颅骨与颅骨之间并没有完成衔接。这种颅骨与颅骨之间形成的骨间隙，就是囟门，俗称“天顶盖”。

沿着宝宝头顶的中线前后触摸，会发现宝宝的头骨在前后各有一个开口，摸起来软软的，位于头顶部的是前囟门，它是两块额骨与顶骨形成的骨缝交合的区域，呈菱形，是头颅上最大的骨缝交点。

后囟门位于宝宝的脑后方，是枕骨与两块顶骨之间的骨缝交点，呈无骨的三角形，尺寸较小，有时甚至不太摸得到。

在整个婴幼儿颅骨结构中，数前囟门最弱。因为此处没有坚硬的颅骨覆盖，只有头皮、皮下组织和脑膜，所以较其他部分略凹陷、柔软。前囟门凸出时，用手可以感觉到颅内有跳动的情形，这反映的是脑内动脉的振动波；用手还可以感觉到好似有凹凸不平的东西在下面，这就是大脑表面的脑组织。

宝宝出生 6 个月后，前囟门会随着颅骨缝的逐渐骨化而面积变小。到 1 周岁，最迟不超过 18 个月，前囟门闭合，为骨质所取代。而后囟门在宝宝出生时已接近闭合，或仅可容纳指尖，在出生后 2~4 个月闭合。

宝宝出生后，颅骨需要一两年时间才能真正发育成熟。在此期间，新手爸妈在照顾宝宝时，要注意观察宝宝的头部发育，特别是对囟门要多加留意和保护。切忌用力压迫宝宝的头，否则有可能对其大脑造成损伤。

杆秤称娃的故事，当引以为戒。

预防万一 囟门长在哪里

新生儿的“天顶盖”是头部的薄弱环节，意外压迫，可能损伤大脑。

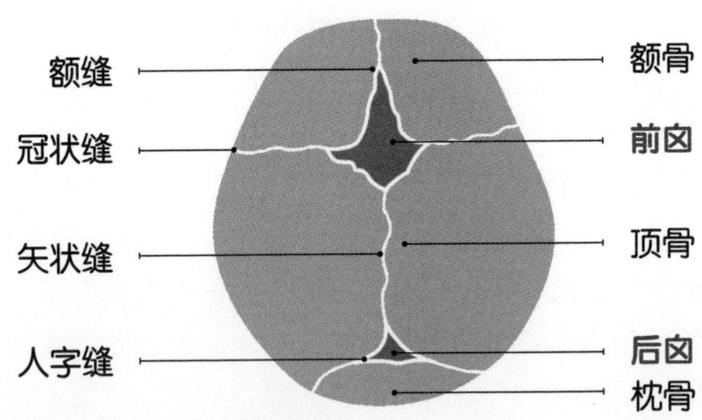

颅骨的发育	前囟	后囟	颅骨缝
组成	顶、额骨	顶、枕骨	顶、额、枕骨
出生时大小	1.5~2.0厘米	很小	很小
闭合时间	1~1.5岁	2~4个月	3~4个月

兔子急了也咬人

一对农村夫妇去地里劳动，留 5 岁的儿子独自在家。家里养了一只可爱的长毛大白兔，男孩无聊，便逗起兔子来。

他想摸兔子的头和脊梁背，兔子不理睬，一跳一跳地跑开了，男孩追过去，死死扯起兔子的大耳朵，扯得它"吱吱"乱叫，两腿乱蹬。男孩被兔子逗得咯咯大笑，又变本加厉地捂住它的嘴巴和鼻孔。

这时，兔子盛怒，竟一口咬住男孩的脖子，把颈动脉给咬断了。男孩的颈部顿时血流如注。他呻吟几声后便倒在地上，最终因失血过多而身亡。

我们知道，颈动脉的压力与左心室内的压力大致相当，也就是说，颈动脉内的压力是相当大的，一旦颈动脉被隔断，大脑动脉的血压立即会降为 0，即大脑会立刻失去氧气供应。就好比供热公司的主干供热管道一旦爆裂，家家户户就没有了暖气。

人的大脑神经元在无氧状态下，只能活 6 分钟，换言之，颈动脉被割断后，约 6 分钟，人就会死亡。

“兔爷”煞命，毫不夸张。

这给我们一个惨痛的教训：再美化、宠惯动物，也不能忘记它们有兽性。把握动物的脾气秉性不是一件容易的事，所以和动物嬉闹要有分寸，不要惹怒动物，也不宜过分亲近。

有小孩的家庭，养宠物更要特别小心。

应对万一 被宠物咬伤、抓伤，如何处理

1. 立即用大量清水或20%的肥皂水，彻底冲洗伤口。边冲洗边用力挤压伤口周围的软组织，清除伤口表面及深层的血液和动物唾液。

2. 擦干伤口，用碘伏擦涂伤口，以消毒灭菌。

3. 如有大量出血，应对伤口进行包扎。出血严重的，应到医院急诊科处理。

4. 被哺乳温血动物（如猫、狗、鼠、蝙蝠等）咬伤、抓伤的，48小时内应注射狂犬疫苗，越早越好。狂犬疫苗共接种5次，具体注射时间在第0、3、7、14、30天。

灾难应急指南⑥

PART1　老人或残障人士，应准备好这些

・随时准备好 7~14 天的药品用量。

・在可能呆的每一个地方——如家里、办公室、学校、社区——准备一份私人应急方案。

・评估自己的能力、局限、需要和周围环境，判断在紧急状况下自己需要哪些支持。

・如果您使用依赖电力的轮椅、呼吸机或其他维持生命的仪器，请为停电做好准备，可咨询您的电力供应商。

・有听力障碍的人士须做好特殊安排，以确保可以听到紧急报警。

・切记在电力中断的情况下，电梯是无法工作的。如果您无法爬楼梯，应拨打“110”或咨询医生。

・有特殊饮食要求的，应有充足的应急食物准备。

・最好能够写下自己维生需要的医护要求、药品及剂量、过敏史、特殊设备、医疗报销、医疗保健卡，以及具体的私人或医院联系方式等。在紧急状况下保存好这张清单，并留份复印件在朋友处。

・如果您有服务性动物，比如导盲犬，确保它有注册服务牌照。

PART2 老人出门，携带急救卡

患有慢性病的老人，外出时如果能随身携带一张急救卡，发生危险时有助于及时得到救助。

1. 选一张硬纸片，剪成名片大小。

2. 写上个人信息。

· 最好多留几个家人的手机号码，便于应急。

3. 慢性病患者，标上特别注意事项：

· 高血压患者：易发中风，导致昏迷不醒，可以标注“不可随便移动身体，及时拨打急救电话”等；

· 冠心病患者：容易发生心绞痛或急性心肌梗死，严重者会失去知觉，需及时服药缓解，可标明“急救药放在上衣口袋，请协助我服用”；

· 糖尿病患者：易发生低血糖，突然昏倒，急救卡可标明“我可能是低血糖，请喂我一些糖水，或含一块糖”。

急 救 卡

姓名： 张三	**住址：** 北京市……
年龄： 65	**性别：** 男
血型： A型	**手术史：** 装有心脏起搏器
电话： 138××××××××	**既往病史：** 高血压
药物过敏史： 对青霉素过敏	**用药情况：** 硝苯地平片

请求：请帮我拨打“120”急救电话，谢谢！

PART3 家有小孩,应准备好这些

在应急策划时,别忘记小孩。教会他们如何寻求帮助,考一考他们的应急知识。

1. 让每个孩子知道:

·紧急状况下和家人的联络方式。

·千万不要碰悬挂在电线杆上或躺在地上的电线。

·怎样辨别煤气的味道。告诉他们如果闻到煤气,应该通知大人或离开大楼。

·如何以及何时拨打急救电话。

2. 应当了解学校或托护场所的信息:

·了解孩子学校在紧急状况下会怎样做,了解学校的应急方案。

·了解撤离时应在哪里找到您的孩子。

·确保校方知道与您最新的联系方式,和至少一位亲朋的联系方式。

·了解在紧急状况下,如果您无法亲自去,可否委托一位亲朋去接孩子。

3. 随身急救包:

·在家庭随身急救包中准备儿童护理用品和小型游戏玩具。

4. 进一步的保障:

·灾难后孩子尤其容易受到精神困扰,并可能表现出非常怕黑、哭啼、害怕孤独和不停忧虑等症状。让孩子相信他们是安全的。鼓励他们说出自己的恐惧。强调这一切不是因为他们发生的,安慰他们。

PART4 儿童受伤急救顺口溜

（一）

皮肤擦伤易污染，清水冲洗不感染。
头皮止血压迫点，耳屏前方一指点。
鼻腔流血莫仰头，捏紧鼻翼低下头。
儿童出血多在外，多学几招防意外。

（二）

皮肤烫伤常见家，冷水冲洗降温佳。
婴儿气管进异物，翘臀拍背不耽误。
高处坠落多发伤，平稳搬运不再伤。
手指夹出瘀血块，冷敷消肿止痛快。

（三）

关节脱臼勿复位，固定制动放首位。
昏迷不醒平卧位，头偏一侧方到位。
溺水复苏救人位，胸部按压膻中位。
鞭炮炸伤眼睛位，忌洗揉行包扎位。

（四）

提颈悠圈亲昵中，人生悲剧酿成中。
高热惊厥按人中，呼吸不畅窒息中。
孩子哭泣气喘中，外罩纸筒口鼻中。
不慎钉子扎脚中，带钉固定送院中。

（五）

宠物咬伤毒菌留，一冲了之随水流，
最迟十天打疫苗，精心耕耘护禾苗。
家养花草藏杀机，分辨不清祸因起，
祖国花朵初长成，科学看护属上乘。